黒川勇人

日本全国「ローカル缶詰」驚きの逸品36

講談社+α《プラスアルファ》新書

はじめに——ローカル缶詰の時代がやってきた！

今〝缶界〟がホットな理由

本書を手に取ってくれた読者諸賢よ！　ディープな缶詰の世界にようこそ。僕はこの世界の案内人、缶詰博士こと黒川《くろかわ》勇人《はやと》であります。

最近の缶詰業界、通称〝缶界〟のホットさといったらない。次々と新商品が投入され、これまで見たこともないような面白い缶詰が登場している。それをメディアも取り上げるものだから、缶詰ファンには欣喜雀躍《きんきじゃくやく》の状態が続いているのだ。

ところで、これほど缶詰が注目されるようになったきっかけのひとつが、あの東日本大震災（２０１１年）だったことをご存じだろうか。

震災直後、とくに関東以北では、大きな余震に備えて缶詰を買い集めた人が多かった。そのため缶詰が売り切れてしまい、スーパーなどの缶詰コーナーがしばらくがら空き状態だったのを憶えている人もいるだろう。

それが余震も収まり、次第に日常生活が戻ってきたとき、（さて、こんなに買い込んだ缶詰をどうしよう）

ということになった。持て余してしまったのであります。

とりあえず、開けてそのまま食べてみると、思っていたよりは美味しい。中には、

（やっ。昔よりも格段に美味しくなった）

と新発見した人も多かった。僕も、実際にそういう感想をずいぶん聞いたものだ。

一方で、缶詰を活用した「缶詰料理」なるものが話題になったのも、ちょうどその頃。

テレビや雑誌などで、手間も時間も掛からない〝時短〟クッキングに、「缶詰を使えば簡単」と紹介する企画が急増したのだ。これによって、缶詰はそのまま食べるだけでなく、

（料理の材料としても使える）

という、新たな捉《とら》え方が生まれてきたのであります。

そんなこともあって、缶詰に対するイメージが、従来とは大きく変わってきている。

そもそも、震災以前の２００７年頃から、缶詰に対する注目度は少しずつ高まっていた。

「缶詰バー」という、提供する食べ物がすべて缶詰という外食店が現れ始めたり、鳥インフルエンザの流行でフルーツ缶詰が売れたり（不要不急の買い物を控えなければならず、新鮮な果物の代わりにフルーツ缶を買う人が増えた）することなどがあった。

そうして、缶詰に少しずつ注目が集まっていたところで、東日本大震災が起こったのだ。

「常温保存できるから非常時にいい」「缶が頑丈でいい」など、缶詰本来の特性が見直され、

一気に注目度が高まったのであります。

最近の缶詰ブームを、プレミアム（高級）缶詰のブームだと解説する人もいる。しかし、日本で一番高価な［マルハニチロ食品］の［特選たらばがに脚肉詰］は、昔から1万円で売られていたし、ほかにも数千円の缶詰は存在していた。それらは単に〝贅沢品《ぜいたく》〟とみなされていただけだ。それが今、こういう時代になってみると、「タラバガニの缶詰なんてすごい！」と評価が変わってしまった。地合いが変わると認識も変わるのだ。

全国のご当地料理も、実は昔から缶詰になっていた。それが今のような缶詰ブームになって、「あ、がめ煮も缶詰になってたんだ」なんて再発見されている。

ご当地グルメブーム自体、ここ10年くらいの動きだと思う。その土地でしか食べられないものを食べるために、わざわざ出掛けていく。そんなことが、今ではごく当たり前になった。そんなご当地料理や特産品を、新たに缶詰として売り出せば、地域活性化につながる可能性だって出てくる。そうなると各地のメーカーも、「これまでにない魅力あるものを作ろう」と張り切るのは当然のこと。その結果、面白缶詰が続々登場してくるというわけだ。

［缶つま］の本気度

百円台の値段なのに「専門店のカレーと遜色《そんしょく》なし」と大ヒットになった、いなば食品の

「タイカレー」シリーズは、すでに多くの固定ファンを獲得している。「ウチにも買い置きがあるよ！」という方も、きっと多いと思う。

革新的なのが「国分」の「缶つま」シリーズ。「缶詰をつまみに一杯どうぞ」というテーマに絞《しぼ》って、いまや56アイテムを展開している。この原稿を書いてるときも、「玄界灘呼子《げんかいなだよぶこ》沖・いか明太」など新商品を発表したが、このシリーズは商品開発にかける本気度がすごい。

通常、大手メーカーは「売れるためにはいくらにするか」と、価格を優先して考えざるをえない。だが国分は「本当にいいものなら、それに見合った価格を提案するべき」と真っ向勝負を挑んでいる。それは決してひとりよがりではなく、製造を受託している缶詰工場でも、「面白いものが作れるから、仕事に誇りが持てる」と好評なのだそうな。

「缶つま」シリーズがスタートしたのは2010年のこと。その前年、世界文化社が『缶つま』という本を出したことがあり、その制作に国分が協力したのが端緒《たんしょ》となった。「缶つまという言葉は面白い。新しく立ち上げるブランド名に使いたい」と国分側が提案。それが翌年に実現し、「霧島《きりしま》黒豚 角煮」など、堂々たる布陣でスタートした。

外観にも工夫を凝《こ》らし、箱入りパッケージに統一している。これは、缶のままだと印刷面が少ないが、箱にすれば6面使えることになり、その分、情報を多く記載できるからだ。

素材や味付けについてはもちろん、産地での食べ方や素材のトリビア、あわせて飲むのにオススメの酒など、書きたい事柄はいくつもある。それらを消費者に「伝えたい！」という思いから、箱入りパッケージが必要だったわけであります。

長年、缶界では「300円以上の缶詰は売れない」という常識（？）があったという。これを否定し、自分たちが「こんなの作れたら面白いな」という缶詰だけを作るのが、缶つまシリーズなのだ。今の缶詰ブームにおいて、国分が果たした役割はとても大きいと思う。

ローカル缶の愉しみ

さて、本書は「ローカル缶」に絞って紹介している。

ほんの数年前まで、ローカル缶は入手が難しかった。現地に行って、道の駅や地元スーパーをのぞかないと買えなかったのだ。

それが今では、インターネットの普及で誰でも手軽に買えるようになった。缶詰はもともと、常温のままでどんな物流にも乗せられるから、ネット通販と相性がいいのだ。ついに缶詰が本領を発揮したのであります。

ローカル缶の中でも、地方の中小メーカーが作るものは特に面白い。その味付けに、その土地の人たちの〝好み〟がちゃんと反映されている気がする。

一例を挙げれば、京都の［竹中罐詰］は［オイルサーディン］や［かきくん製油づけ］な

ど、厳選した数種類を出している。すべて上品な味付けで、あれを食べると、

（いかにも京風だなァ）

こう感じられるのだ。

まっ、「京都の味が上品」という僕の思い込みもどうかと思うが、同社は京都の中でも北のほう、丹後《たんご》の海に近い場所にある。丹後近海は、美味で知られる金樽イワシやカキの産地だから、素材の味を活かした「最低限の味付けで作っているはず」という、この推測は成り立つのではないか。

同社は、工程の多くが手作業で進められる小規模メーカーだが、作り出す缶詰のクオリティは非常に高い。だから、大手メーカーが「うちのブランドでも作ってくれないか」と商談に来るらしいが、みんな断ってしまうそうな。「大事なお得意さんに買ってもらえるだけでいい。あまり手を広げたくない」という、この思いであります。

そんな話が、ファンのあいだで口コミで伝わっていき、さらに根強いファンが生まれる。こういう素晴らしいエピソードが、地方の中小メーカーにはたくさんある。


缶詰は進化してる！

昔からある定番缶詰も忘れてはいけない。

サバ缶ひとつとっても、各地のメーカーから様々、出ている。そのどれもが原料にも味付けにも工夫を凝らしているのだ。そのこだわりっぷりがもう、尋常じゃない。1尾600グラム以上の大型サバじゃないと使わないとか。ブランドサバしか使わないとか。さらにそのサバをラー油漬けにしたり、オリーブ油漬けにしたり、はたまた八丁味噌漬けにしたりと、今はまさに〝百缶繚乱《ひゃっかんりょうらん》〟の状態なのであります。

日本人は、大トロやサーモンを好んで食べるようになったことでもわかるが、脂《あぶら》っこいものが好きになっている。だから、一般的な国産サバより約2・5倍も脂が乗っているというノルウェーサバを使ったサバ缶があり、これは非常に評価が高い。しかし、このサバ缶を作っている［福井缶詰］では「脂が乗ってりゃあいい、という安易なものじゃない」と、絶妙な蒸し加減で脂をほどよく落としてから使っているのだ。こんな話を聞けば、誰しも、

「やっ。そこまでこだわっているのか」

驚くこと言《げん》を俟《ま》たないのであります。

特に魚介缶は、鮮度と品質が大事で、「原料が良ければ塩だけでも美味しい」というのが各メーカー共通の認識だ。その塩にしても、各社にこだわりがある。たとえば、ウニ缶を作っている［礼文島船泊漁協］では、「これがウニの味を一番引き立てる」と、厳選した塩を使っているくらいだ。

味付けも、現代の健康志向を受け、薄味のものが少しずつ増えてきた。とりわけ大きく変わったのは、フルーツ缶のシロップだろう（缶界では「シラップ」と呼ぶ）。昔は水で薄めて飲んだくらい濃かったのが、今はそのまま飲めるほど薄くなってきた。あるいは、砂糖を使わず、健康にいいといわれるオリゴ糖を使ったりしている。薄味になれば果物の味がはっきりわかるので、原料もこれまで以上に良質のものが必要になってくる。こうした改善点が重なった結果、「今の缶詰は美味しくなった」と評価されているのであります。

缶詰博士になるまで

ところで、僕は「缶詰に目覚めたのはいつか？」と聞かれることが多い。僕が小さい頃、よく缶詰がおかずとして食卓にのぼっていた。だから、昔から缶詰には抵抗がなかった。中でもサバの水煮はよく食べた記憶がある。

父親は酒の肴《さかな》にコンビーフを食べていたが、あれはなかなか食べさせてくれなかった。昭和の子供といえば、肉に飢えているのが当たり前だ。一度でいいからコンビーフを丸ごと食べてみたいと、ずっと思っていた。実はこの前、親に聞いたのだけど、実際にひとつくすねて食べたことがあったらしい。

缶詰にはそんな特別感もあるのだ。僕は昭和40～50年代に子供時代を過ごしたが、当時は加工食品が今よりずっと少なかった。そんな時代に、開ければすぐに食べられ、しかもいろいろな料理が入っている缶詰というのは、子供にとっては〝宝箱〟だったのだ。

中でも、外国の缶詰には憧《あこが》れた。『トムとジェリー』のようなアメリカのアニメを観ると、肉の缶詰とか、スープの缶詰とか、とにかく美味しそうな缶詰が登場してくる。それを、妹と一緒に唾《つば》を飲みながら観ていたのであります。

こうして（缶詰の中にはご馳走《ちそう》が詰まっている……）という思いが、少年・缶詰博士の脳を占拠したのであります。

大人になって、コンビニエンスストアができたりして、いつでも食べたいものが食べられるようになった。そうなると、自然と缶詰を食べる機会も減っていった。これは僕だけではないと思う。食の多様化が起これば、当然そうなるのだ。

ところが、30歳代のある時期のこと。

ものすごい貧乏になり、冷蔵庫も持てないような経済状態に陥《おちい》ったことがあった。そこで、幼い頃を想い出し、サバ缶などを買ってきて三等分し、それを朝昼晩のおかずにしようと考えた。

この缶詰節約生活のおかげで、経済状況はその後ゆるやかに改善に向かった。しかし、改善しても毎日、缶詰を食べることはやめなかった。なぜなら、

（まだまだ未知の缶詰があるはず）

と興味が湧《わ》き、次々と新しい缶詰を探しては、食べるようになってしまったのだ。

それに、缶詰がいったいどういう仕組みなのかも知りたくなった。そもそも、保存料が入ってないのに、賞味期間が3年もあるのが不思議だった。外国缶に至っては、5年とか7年という賞味期間の缶詰もあるのだ。

不思議なことは解明したいのが人情というもの。自分なりに研究し、「缶詰blog」という専門ブログまで作って書いているうち、すっかり缶界の深みにハマってしまった。挙《あ》げ句《く》の果てには、

（製造現場に行かねばわからぬ）

一念発起《いちねんほっき》し、メーカーさんにお願いして、工場を取材させてもらうようになった。

その頃には「缶詰blog」が評判となっていて、ある大手ポータルサイトで、

「缶詰の博士みたいな人が書いているブログが面白い」

と公表されたことがあった。

（むっ。缶詰博士という名称は悪くない。悪くないが、缶界ではどう見られるのか、少々心配ではあるな……）

そこで、缶詰業界のトップである「社団法人・日本缶詰協会」（当時）の専務理事にお伺い

を立ててみると、

「うん、いいんじゃないか。みんなジョークだって知っているから大丈夫だよ」

と言っていただいた。

それ以降、缶詰関係の記事を書いて欲しいという依頼が来るようになり、取材を受けたり、テレビやラジオの番組に出演するようになった。これが、缶詰博士誕生の経緯であります。

ともかく……。

缶詰の世界は奥が深い。

同じ原料を使っても、メーカーによって味に個性が出る。それを知るためには、なるべく現地に赴《おもむ》き、社長や開発担当者と話をしてみたいと思っている。

海外に目を向ければ、さらに知りたい缶詰が数限りなくある。だから、海外に行ったときには、缶詰の調査も欠かさず行っている。でも、一生かかっても知り尽くせないだろう。

「今まで何種類くらいの缶詰を食べてきたのか？」

この質問は、テレビや雑誌の取材で必ずといっていいほど聞かれることだ。

一度計算してみたことがあって、およそ1000種類くらいの缶詰を食べていることはわかった。しかし、それ以降は（数などかぞえても意味がない）とやめてしまった。今、この原稿を書いている瞬間にも、新しい缶詰が出ているのだ。自分の事務所にある缶詰でも、まだ食べていないものが数百缶はある。「缶道」に、終わりはないのであります。

これからの缶界はどうなる⁉

今後は、地方発の缶詰がどんどん出てきて欲しいと思う。ご当地料理や特産品の楽しさ、美味しさをぜひ、缶詰で発信してもらいたいのであります。

それはたとえば、地方の農・水産業者が、自分たちの魚や野菜などを使ったメニュー開発をし、缶詰にして販売するということだ。これは六次産業化とも合致《がっち》している。漁業や農業に携《たずさ》わる人たちが、一次生産だけで終わることなく、新たな事業を展開できるのであります。

メニュー開発や缶詰製造などは、できる人たちに任せればよし。地元の農・水産高校とコラボレーションしてもいいし、料理店のシェフに監修してもらうのもいいかもしれない。

実際に、そうした動きも広がっている。大分県の豊後大野《ぶんごおおの》市に行ったときのことだが、同地の特産品である原木栽培のキクラゲやシイタケを「缶詰にして売ればいいじゃないか」と、生産業者の人と盛り上がったことがあった。その方はスピード感のある人で、東京に戻ってからすぐに、「あのとき話した試作品ができましたよ」と、缶詰の試作品を送ってくれた。

それまで、同地では加工品といえば干しシイタケくらいしか作られていなかった。それを、新たにシイタケ料理やキクラゲ料理を開発して缶詰にしたら、どうなるか。

常温で販売できるから、道の駅や空港などでお土産として売れるかもしれない。そうなると、販路開拓の営業員が必要になってくる。缶詰はデザインも重要だから、そのデザイナーも必要だ。ネット通販を展開するなら、その知識がある人は絶対に欲しい。

つまり、新たな雇用が創出できるかもしれないのだ。

こうなると面白いことになる。それまで「仕事がない」と他県へ流出していた若者が、地元に戻ってくるかもしれない。これから卒業する学生たちの就職先が増えることにもなる。地方では、雇用を作り出すことは非常に重要なのであります。

豊後大野市のケースはこれからの挑戦だが、本書で紹介している静岡の［金目鯛］缶などは、すでに事業化した好例だ。そして僕ら消費者は、新たなご当地の味を缶詰で手軽に愉《たの》しむことができるわけだ。

缶詰独自文化論

缶詰は、他の食品と、ちょいと違う。

手軽に食べられるのが缶詰のいいところだが、現代はインスタント食品やチルド食品など、ほかにも便利な食品が溢《あふ》れている時代だ。そんな中で、なぜ缶詰がいいのか。

それは、缶詰には嗜好品のような楽しさがあることだ。

まず、佇《たたず》まいがいい。無骨な金属の缶は凛《りん》としていて、他の食品のパッケージを圧倒する。デザインも多種多様だ。美しいデザインの缶詰など、キッチンに並べておくだけでワクワクする。友人宅にお土産として持参するのにもいい。

より現実的には、大きな具を入れても潰《つぶ》れないという利点もある。本書で紹介している［またぎ汁］や［がめ煮］など、大きな野菜がごろりと入っている。これがレトルトパウチだったら、圧迫されたときに潰れてしまうではないか。

旅行に行ったとき、お土産に買うのにも頑丈でいい。包装に気を遣《つか》うこともなく、何ならスーツケースの片隅に、そのまま突っ込んできても壊れたりしない。

旅行といえば、御指南申し上げたいことがひとつ。

缶詰を買って、スーツケースに入れて機内預けにするのは問題ない。しかし、バッグに放り込んで、そのまま客室内に持ち込もうとすると、ほとんどがセキュリティ検査で没収されてしまう。缶詰は液体とみなされるものが多いからだ。

僕もニューヨークの空港で、買い集めた缶詰十数缶を泣く泣く放棄してきた経験がある。缶詰を買ったら手荷物ではなく、必ず機内預けにすること。これが大事。

そんな様々な魅力を持つ缶詰は、もはや独自のジャンルを作ってしまったと思う。そこが他の食品とまったく違うところだ。

最近で面白かったのは、大阪の缶詰バーが監修した［たこやき］の缶詰が出たこと。ウソのような本当の話であります。そのお味は、確かにたこ焼き。ジェル状のソースに浸かっていて、青のりや鰹節まで付属しているという凝りようだ。

こういう新しい缶詰情報は［缶詰blog］でも随時、紹介している。他にも、自分の住んでいる地元のスーパーをチェックするのもオススメであります。ここ数年のブームで、ほとんどのスーパーではアイテム数を増やしているはずだ。

そして面白いものを発見したら、ぜひ買って、食べていただきたい。変わったものでは、北海道の珍味［鮭の心臓］なんかもある。好みに合うかどうかはわからないが、たかが数百円の投資であります。失敗しても笑い話のネタになるではないか。

そんな意識で、本書で紹介する36缶もぜひ、食べてみていただきたい。いずれも、ちょっと前まではなかなか買えなかったものばかりだ。驚きと発見があること必定であります。

本書がご好評いただければ、ぜひ第2弾をお届けしたいと思っている。世界各地の缶詰とか、驚異の高額缶詰とか、ネタはまだまだたくさん眠っているのだ。缶詰というシンプルかつ深遠な世界は、まだまだ僕たちにその正体を充分に見せてはいないのだから。

◎もくじ

はじめに――ローカル缶詰の時代がやってきた！　3

1　むきそば［山形］蕎麦ヲタ垂涎のプリミティブ缶　22

2　またぎ汁［新潟］ワイルドなれど心を打つありがた缶　26

3　極上いちご煮［青森］品格を感じさせる汁もの缶　30

4　本格鯖［青森］日本一こだわって作られるサバ水煮缶　34

5　がめ煮［福岡］具材たっぷりほくほく缶　38

6　タコライス［沖縄］沖縄グルメが缶詰になったぞ　42

⑦ ふくちり［山口］トラウマも解消する幸福缶 46
⑧ つぶ水煮［北海道］極上の貝缶を体カンせよ！ 50
⑨ 金目鯛［静岡］あの高級魚も缶詰になったカンね！ 54
⑩ 炙りビントロオリーブ油漬［静岡］セレブなツナ缶にうっとり 58
⑪ 鱒財缶［静岡］レアなニジマス缶は育ちが違う 62
⑫ やきとり柚子こしょう味［静岡］執念と愛情が詰まった缶詰 66
⑬ オイルサーディン［京都］歴史と美の宿る缶詰 70
⑭ かきくん製油づけ［京都］生牡蠣とはひと味違う 74
⑮ 缶つま びわ湖産稚鮎油漬け［滋賀］とにかく酒を呼ぶ缶詰 78
⑯ 缶つま 北海道産ししゃも&子持ちししゃも［北海道］食べ比べも楽しい本シシャモ缶 82
⑰ 味付巻ゆば［栃木］精進料理を缶詰で味わう 86

⑱ そぶくめ［愛知］名古屋が誇る和菓子缶 90
⑲ ご当地コンビーフ［山形・高知・愛媛］「大人買い」して食べ比べ 94
⑳ デコポン［熊本］アッパー感漂うフルーツ缶 106
㉑ 鯖のへしこ［福井］ちびちび食べたい珍味缶 110
㉒ だし巻き［京都］出汁が溢れるだし巻き缶 114
㉓ 金華さばみそ煮［宮城］日本一応援されている缶詰 118
㉔ 宝うに エゾバフンウニ［北海道］グルメを唸らせる蒸しウニ缶 122
㉕ ごぼういわし煮付［茨城］料理屋テイスト満点缶 126
㉖ 日本橋漬［東京］お江戸の味・福神漬け缶 130
㉗ いなご甘露煮［長野］平気な人はまったく平気なイナゴ缶 134
㉘ サバタケ［長野］缶詰料理が缶詰になった!? 138

㉙ 清水もつカレー［静岡］ノスタルジックなもつカレー缶 142

㉚ 入れ炊く 国産桜えび［静岡］旬を味わう炊き込みご飯の素 146

㉛ 貝付流子［徳島］殻ごと入ったトコブシ缶 150

㉜ さざえ味付［大分］歴史も真心も詰まったサザエ缶 154

㉝ 伊達の牛たん大和煮［宮城］とにかく分厚い牛タン缶 158

㉞ ミニとろイワシ［千葉］収（漁）穫年を語れるイワシ缶 162

㉟ ハッシュドビーフ［兵庫］港町・神戸ならではの衝撃缶詰 166

㊱ こだわりせんべい汁［青森］缶詰とレトルトのコラボレーション 170

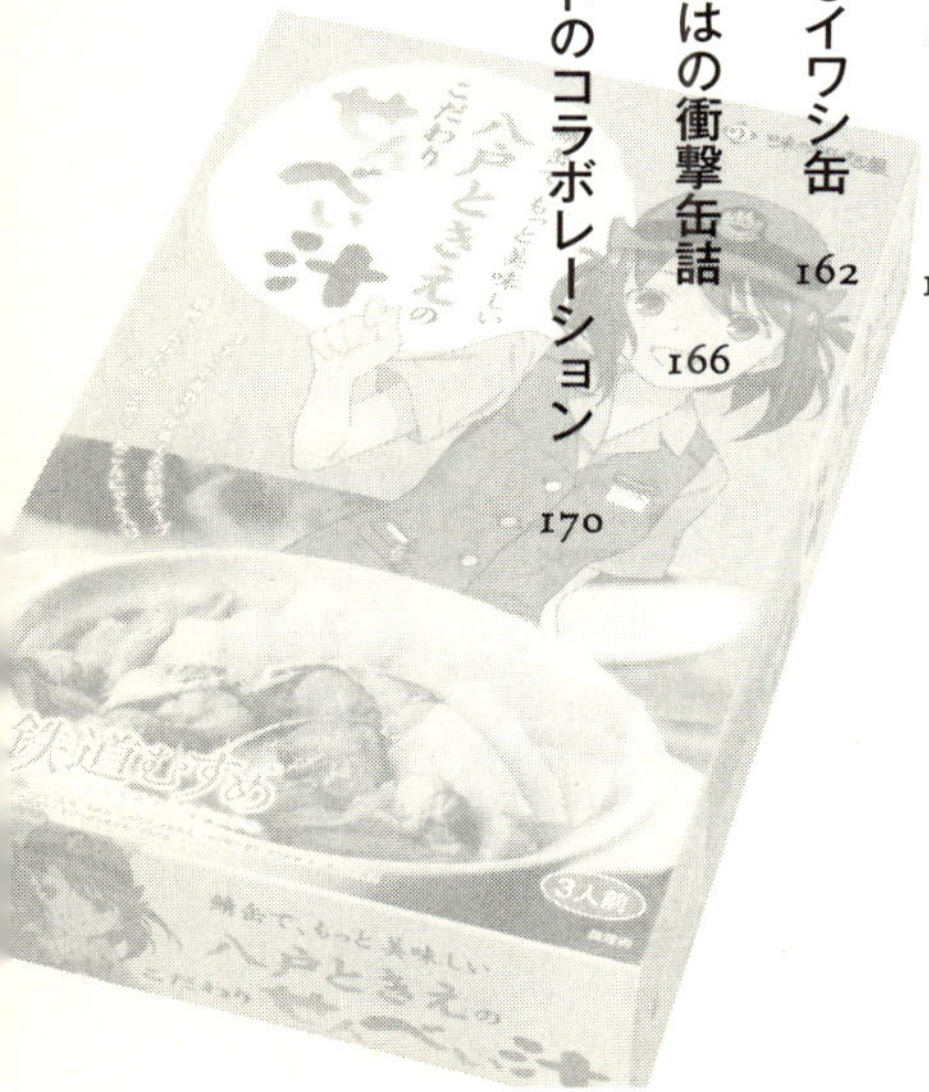

1

It's a Wonderful Canned Food

むきそば［山形］

蕎麦ヲタ垂涎《すいぜん》のプリミティブ缶

蕎麦の缶詰!?

ここに、山形県は酒田《さかた》市で作られているご当地缶詰がある。その名も［むきそば］。

むきそばとは、皮を剥《む》いた蕎麦《そば》の実をふっくらと茹《ゆ》で上げ、それに蕎麦つゆをかけて食べるという、まことに素朴な食べ物だ。

酒田地方の郷土料理なのだが、そんな珍しいものだって、ちゃんと缶詰になっているのであります。

日本はまさしく缶詰大国なのであります。

ものの本によると……。

遠い昔、蕎麦はその固い皮を剥いて、中の実を取り出し、粥《かゆ》のように煮て食べたり（むきそばもこの一種）、餅にして焼いて食べたりしたそうな。

それがあるとき、生の実を石臼《いしうす》で挽《ひ》いて蕎麦粉にするという、画期的製法が考えられた。蕎麦が初めて粉ものになった、歴史的瞬間であります。

しかし、それですぐに麺が作られたかとい

うと、そうではない。蕎麦粉に熱湯を注《そそ》いで手早くこね上げ、柔らかい餅状のまま食べる時代が長く続いたという。これは「蕎麦掻《が》き」といって、現在でもちょいと気の利《き》いた蕎麦屋に行けば食べられますぞ。

今のように水でこね上げ、薄く延ばして切り揃《そろ》えたものを茹でて食べるのは「蕎麦切り」と呼ばれる。蕎麦切りが登場したのは江戸時代に入ってからのことども言われる。

蕎麦の実も美味しいが、付属の蕎麦つゆもかなり美味。さすが蕎麦の名産地・山形だ

こうして見ると、酒田地方のむきそばは、蕎麦が初めて食用になった、遥《はる》かいにしえの頃の食べ方なのがわかる。

開けて、盛って、かけるだけ

「むきそば」缶の食べ方は、シンプルそのものだ。

缶切りを使ってフタを開けると、中には柔らかく茹で上がった蕎麦の実が、それこそ、

「ぎっしりと……」

詰まっている。

この実をざるにあげ、互いにくっついた部分を流水で軽くほぐしてやる。これをよく水切りし、器に入れ、蕎麦つゆをかければよい。水を使うのが面倒なら、缶の中身を直接、器に移して、蕎麦つゆをかけるだけでもいいのだ。

この蕎麦つゆもちゃんと「そばたれ」とい

う名で缶入りになっていて、実の缶とセット販売されている。

この心配りが嬉《うれ》しいではないか。

そばの実は、嚙《か》むとホロホロと崩れ、かすかに甘みがある。

少し、そば殻の匂いもある。

これを一気に啜《すす》り込めば、蕎麦の実の清涼な風味がダイレクトに味わえる。

のんびり食べていると、蕎麦つゆが次第に実に染み込んでいき、これはこれで素朴な味わいとなる。

缶入りの蕎麦つゆも、驚くほど美味しい。

原材料を見ると、鰹節《かつおぶし》と昆布で出汁《だし》を引いていることがわかる。ごくスタンダードな出汁だが、コクがあり、醬油の香りも立っていて、甘辛さの塩梅《あんばい》が絶妙。これは絶対にセットで味わうべきだ。

蕎麦ヲタも必須

蕎麦にはヲタクっぽい雰囲気が漂《ただよ》う。

ラーメンやうどんにもヲタクは多いが、その性質が少々、違うのだ。

蕎麦好きは、仲間と集まっては、

「やはり究極は十割《じゅうわり》だろうな」

「いやいや、二八《にはち》も捨てがたい」

独特の符丁で話し合っては、

「ふふふ……」

顔を見合わせ、微笑する。

豚骨スープだ、魚介系だと、何かと華やかなのがラーメン界。

小麦の香りやコシの強さを論じ合う、健康優良児的なのがうどん界。

どちらもメディアで取り上げられる機会が多く、開放的で明るい雰囲気を持っている。

これに対して蕎麦界は、ひと言で申せば、地味。

前出の十割というのは、つなぎを使わず蕎麦粉だけで打った蕎麦のこと。二八は2割が小麦粉、8割が蕎麦粉という意味だ。

そんな技術論に合わせて、食べ方の作法だの、蕎麦屋での酒の呑《の》み方だのというウンチクまで言いたいのが蕎麦ヲタの特徴だ。

だから、ひと缶開ければ歴史まで学べてしまうこの「むきそば」缶は、新しいウンチクを蓄えるのに必須のアイテムとなること、言《げん》を俟《ま》たない。

熱心な蕎麦ヲタである僕が言うのだから、間違いないのだ。

むきそば

参考価格
2667円
（そば&たれ×3缶ずつセット、税込）

製造
有限会社梅田食品製造本舗

購入
インターネットサイトで購入可

缶詰博士のワンポイント
ワサビやもみ海苔をあしらって食べるのも美味。蕎麦の実自体が美味しいので、トマトスープの具などに使うのもアリ。

2

It's a Wonderful Canned Food

またぎ汁［新潟］

ワイルドなれど心を打つありがた缶

荒野の缶詰登場

読者諸賢よ。

ここに紹介申し上げるのは、［またぎ汁］の缶詰であります。

またぎ（マタギ）といえば、古来より東北地方や上越地方などに存在する猟師集団。

猟期になれば小屋に泊まり込み、質素な食料で毎食をまかない、獲物を追って何ヵ月も尾根《おね》や谷を駆け回るという。

荒野に憧《あこが》れる僕にとって、想像するだけで、

「血《ち》湧《わ》き肉躍《にくおど》るような……」

話なのだ。

そのマタギが、山小屋で作っているであろう鍋料理をイメージして作られたのが、この缶詰。

これが興奮せずにいられようか。ここまでワイルドな缶詰は、ほかにはない。

正面には真っ赤な筆文字で［またぎ汁］のひと言。

（いったい、どんな味がするんだろ）

期待はさらに高まっていく。

筆文字の上には、サブタイトルとしてつけられた［奥只見《おくただみ》猟師鍋］の文言が燦然《さんぜん》と輝いている。

（すわ、奥只見だって！）

ここで別の興奮が発生する。

思わず椅子から立ち上がる。

奥只見といえば、奥只見ダム。

ダム湖は別名銀山湖とも呼ばれ、昔から幻の大岩魚《おおいわな》が釣れることで有名な場所なのだ。

この缶詰は荒野方面だけでなく、釣り方面の血まで湧かせる缶詰だったのだ。

デカいことはいいことだ

大きさもすごい。

缶詰業界（缶界）で2号缶と呼ばれるサイズで、その高さ約12センチ、直径約10センチもある。業務用のスープ缶などに使われるサイズなのだ。

その重量、堂々の８２０グラム。

片手で持ち上げようとして、

「おっとっと」

あらためてつかみ直すほど、重い。

その大きさと重さが、実に心地よい。

どこからか安心感も湧き上がってくる。

「頼むぞ」

この圧倒的ボリューム！
熱々にして出せば、缶詰だとは絶対にわからないはず

思わず声を掛けてしまう。

「任せたからな」

応援したくなる。

最近は家電でも、自動車でも、

「軽くて小さいほうがいい」

と言われていて、缶界にもその波は確実に押し寄せてきている。

開けたら1回で食べきれる量で、持ち運ぶのにも軽いほうがいいという、いわゆるダウンサイジングという考え方であります。

そんな現代にあって、「またぎ汁」缶だけは、

「デカくて重いからいいんだ」

「小さくまとまってどうすんだ、ええ？　どデカくいこうぜ！」

こう大声で言いたい。

マタギ文化も詰まってるぞ

中の具材は、骨付き鶏肉、大根、舞茸、なめこ、人参、細竹、わらびと、実に多彩。

今、さりげなく「骨付き鶏肉」と書いたが、これはすごく珍しい。

普通の料理なら骨付き肉も珍しくないが、缶詰ではめったにないのだ。

これをざっと鍋に開け、熱々に温めてやる。

やがて湯気が立つ頃合いには、たまらなくいい匂いがしている。

醤油仕立てのスープは、具から出た様々なうまみが重なり合い、まことに美味。

その複合うまうまスープが、再び野菜やキノコにしっかり染み込んでいる。

鶏肉も、出汁《だし》が出たあとにしては、肉自体

の味が抜けていない。

　これは缶詰であると同時に、鍋料理のひとつとして見れば、実に秀逸な出来映えなのであります。

　ところで……。

　マタギは独自の信仰を持っているという。出猟前には全員で神社にお参りをし、御神《おみ》酒《き》を捧げて祈る。

　そのシーズンに必要なだけの獲物を撃ち、屠《ほふ》るときには、

「山の神からの授かり物」

として、感謝の念を忘れることはない。

　今で言う「食育」が体験を通して行われているわけだ。そんなマタギ文化に思いを馳《は》せれば、おいそれとはまたげない、ありがたい缶詰なのであります。

またぎ汁

希望小売価格
5510円（6缶セット、税・送料込）

製造・販売
株式会社大沢加工

購入
直販サイト
http://osawakakou.shop-pro.jp

問い合わせ
大沢加工　問い合わせフォーム
http://www.kk-osawa.co.jp/contact/

缶詰博士のワンポイント
熱々に温めてやるのが何よりも肝要。骨付き鶏肉はトロトロに柔らかく、澄んだ脂の浮いたスープも絶品。

3

It's a Wonderful Canned Food

極上いちご煮［青森］

品格を感じさせる汁もの缶

【イチゴ疑惑】

「いちご煮」をご存じだろうか。

青森県の八戸《はちのへ》地方から岩手県の三陸《さんりく》海岸あたりにかけて、昔から食べられてきた郷土料理のことであります。

その発祥は、素潜りでウニなどを獲《と》る漁師たちが、浜辺で火を焚《た》き、獲りたての海の幸を煮て食べたという、とても素朴な料理だ。

中身は何かと言えば、ウニとアワビのすまし汁。

調理法が素朴なわりに、中身は豪華絢爛《けんらん》であります。ウニもアワビも、言うまでもなく高級な食材だ。

それが汁ものの具となり、さらに缶詰になって、八戸や三陸で売られているのだ。羨《うらや》ましいことではないか。

ところが、この缶詰を紹介すると、

「そんなの、絶対ウマいに決まっている。ズルイ！」

叫びだす人がいる。

「贅沢《ぜいたく》すぎる」

憤慨する人もいる。

缶詰で憤慨することもないと思うが、本当のことだ。

味付けは塩味のみ。

これがもう、実に品のいいお味なのであります。

言うまでもなく、

「ウマい!」

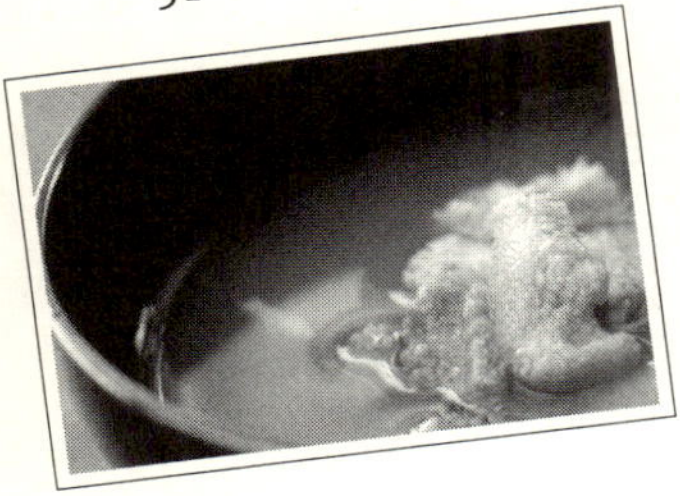

ご当地八戸でもご馳走だというういちご煮。トッピングは千切りにした大葉がオススメ

料理なのだけど、その前に、ちょいとその……。

僕にはどうにも、名前が気になっていけない。

「いちご煮」と聞けば、やはり、

(イチゴも具にするのか?)

(干したイチゴを隠し味にして……)

いろいろとその、考えてしまうではないか。

(そんなわけねぇよな)

と思いつつも、実際はどうなのか。

だいたい、「いちご煮」なぞと命名したワケが知りたい。

そこで、この缶詰を作っている「味の加久の屋」の野田社長にお聞きすると、何と。

いちご煮のいちごは、まさしく果物のイチゴのことだという。

ただし、例の赤いイチゴではなく、黄色い野イチゴのことだという。

「むっ？」

疑問はかえって深まった。

どうして野イチゴが出てくるのだ。

ヘビイチゴなら幼時に見たが、あれは確か、赤かったはずだ。

主役は汁

野田社長いわく、

「昔は名もない漁師料理だったのが、大正時代に入って、八戸の料亭旅館で供するようになったそうです」

ふむふむ。

「そのときのご主人が、できあがった汁を見たときにですね」

ふむ。

「ほの白い汁に浮かぶウニが、まるで朝靄《あさもや》の中で見る野イチゴそっくりだと思ったそうです」

むっ？

「念のために……」

と、野田社長は野イチゴの写真を見せてくれた。

なるほど、確かに似ている。

ウニも野イチゴも、山吹《やまぶき》色のような濃い黄色をしているのだ。

表面が粒々しているところも同じ。

汁は確かにほの白い。それを朝靄と見立てれば、そう見えないことはない。

それにしても……。

何とロマンチックな話だろう。

イチゴを煮たと思えば不気味に聞こえるが、朝靄に浮かぶ野イチゴと聞けば違う。

それはたとえば、高原で、ざあっと風に吹かれたような心持ちがするではないか。

そして、その味。

まさに極上であります。

アワビに含まれるコハク酸と、ウニに含まれるアミノ酸。

それが塩味だけで引き出されている。

具も美味しいが、醍醐味《だいごみ》はむしろ汁のほうにある。

アワビとウニ、ダブルのうまみが溶け込んでいる汁は、シンプルなのに奥深い。

ひと口するだけで酒が呑《の》める。

これが、元は漁師が浜辺で食べていた料理だったというから面白い。

食べ物は素朴が最上であるという好例であります。

極上いちご煮

希望小売価格　2625円（税込）
製造　株式会社味の加久の屋
購入　直販サイト　いちご煮.com
http://www.ichigoni.com
問い合わせ　いちご煮.com
0120-341-2444

缶詰博士のワンポイント

ウニとアワビを輸入品にして価格を下げた「元祖いちご煮」（税込1365円）もある。本書で紹介した「極上いちご煮」はウニとアワビが三陸産。しかもウニは最高級のエゾバフンウニを使っているという、まさに極上品。汁ごと使って炊き込みご飯にして、少量のバターと白コショウを加えて炊くのが作り手のオススメだ。

4

It's a Wonderful Canned Food

本格鯖［青森］

日本一こだわって作られるサバ水煮缶

サバ缶を食べるには作法がある！

僕がこよなく愛するのはサバ缶であります。それも、水煮バージョン。

水煮というのは、味付けが基本的に塩だけで作られるもの。だから、サバの脂《あぶら》の匂いやうまみがダイレクトに味わえる。

これが、サバ好きにはたまらない。

みそ煮バージョンとか味付けバージョン（醤油味など）もそれぞれウマいが、やはり塩味だけと聞けば、

（直球勝負できたか……！）

食べる側にも覚悟がいる。自然、臨戦態勢になる。

イージーオープンのプルタブを引き起こす瞬間から、もう勝負が始まっている。

ぷちっと快音が響いて、一瞬か、二瞬後。

サバ水煮特有の、いかにも青魚っぽい匂いが、缶内部から立ち昇ってくる。

愛好家は、この匂いを嗅《か》いだ瞬間、いてもたってもいられなくなる。

（早く食べたい）

興奮状態に陥《おちい》る。

しかし、その興奮をなんとか抑えつけ、缶ブタを慎重に開けきる。

なぜ慎重になるかと言えば、缶のフチいっぱいに満ちた缶汁が溢《あふ》れてしまうからだ。

このうま汁をこぼすことは、断じてあってはならぬ。

ならぬことはならぬ。

これが１年以上“缶熟”させたサバ缶。しかし缶汁は澄み、切り身も美しいままだ

そうして露《あらわ》になった筒切りのサバを眺《なが》めると、今度は一転、冷静になる。

パイロットが瞬時にいくつもの計器を読むがごとく、愛好家も缶内をチェックする。

切り身の大きさはどのくらいあるか。

脂の乗りはいかほどか。

血合いの色はどうか。

それから初めて、箸《はし》をのばすのであります。

厳しい愛好家たちが絶賛する秘密

そんな厳しい観察眼を持ったサバ水煮愛好家が、

「これは別次元のウマさだ」

こう絶賛するのが、青森の「味の加久の屋」が作り出す「本格鯖」であります。

何が別次元なのか。

まず、皮と身の間の脂が分厚い。

すなわち、脂が乗っている。

切り身が極めて大きい。

すなわち、大型の高価なサバを使っている。

血合いの色が黒ずんでいない。

すなわち、原料のサバが新鮮で、かつ加工も素早く行われた証《あかし》だ。

これらのチェックポイントは、サバ缶愛好家にとって、決して忘れてはならない部分であります。

この［本格鯖］で使われているサバは、「八戸沖秋サバ」という特別なマサバだ。

八戸沖で8月下旬から11月下旬にかけて獲れるもので、脂がたっぷり乗っており、現地では秋サバと呼ばれている。

一般的なサバの脂分は5～10％と言われているが、この秋サバは何と、15％の脂分を誇るという。

そんなウマウマ脂をたっぷりと持った秋サバの中から、さらに600グラム以上の大型で鮮度のいいものだけを選び、缶詰に使っているという。

さらにさらに……。このサバ缶がほかのサバ缶とまったく違う点は、その製造後にある。

なんと、製造後1年以上は自社倉庫で寝かせてから出荷するのだ。

読者諸賢よ、缶詰を寝かせているんでありますす！

同社社長いわく、

「サバ水煮は缶に詰めた後も熟成していきます。だから寝かせているのです」

実はサバに限らず、ほとんどの缶詰は、

「できたては美味しくない」

と言われている。これは缶詰業界（缶界）の常識なのだ。

とはいえ、日本の缶詰は賞味期間がほぼ3年。この「本格鯖」も同じで、1年以上寝かせるということは、賞味期間が残り2年を切ってしまうことになる。

何となれば、販売できる期間が2年以下に短くなってしまうわけだけれど、それでも、

「もっとも美味しい状態で食べて欲しい」

良かれと思う心で貫《つらぬ》いてきた。これぞまさしく至誠。

腹身の部分はもちろん、背身にまでしっとりと脂が乗り、うっとりするほど美味ですぞ。

本格鯖

希望小売価格
2100円（3缶セット、税込）

製造
株式会社味の加久の屋

購入
直販サイト　いちご煮.com
http://www.ichigoni.com

問い合わせ
いちご煮.com
☎ 0120-344-2444

缶詰博士のワンポイント

そのままでもウマいが、汁気をきった身にぽん酢、オリーブ油、黒コショウをかけると、これまた美味。

5

It's a Wonderful Canned Food

がめ煮 [福岡]

具材たっぷりほくほく缶

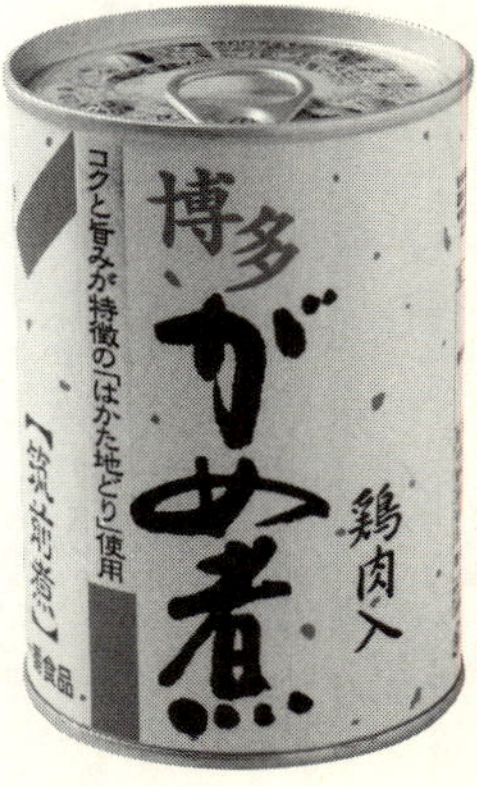

ガメラー化する

がめ煮とは、なんぞや。

がめ煮とは、筑前煮《ちくぜんに》のことであります。

鶏肉、人参、ごぼうなどを油でさっと炒《い》りつけ、そこに出汁《だし》を注《そそ》いで煮込む家庭料理であります。

発祥は九州・福岡あたりと言われている。

彼《か》の地では、料理を作る際、いろいろな材料を混ぜ込むことを、

「がめくり込む」

と、言うらしい。それががめ煮の語源だそうだ。

台所に残っていた根菜をざくざく切り、鍋にがめくり込む。

こんにゃくもがめくり込む。

冷蔵庫の残り物を全部がめくり込む。

どうであろう。

読者諸賢も、少しずつ、

「ふふふ。何でもがめくり込んでやろう」

ガメラー化してきたのではないだろうか。

和食のプロはよく、

「料理の要諦《ようてい》は引き算にあり」

などとおっしゃるが……。

なあに。

シロウトには、足し算のほうが面白い。

材料をじゃんじゃん足していくほう、つまり、がめくり込んでいくほうが、ずっと面白い。

その痛快さたるや、堪《たま》らないものがある。

「料理の楽しさはガメラーにあり」

使えそうなキャッチフレーズではないか。

この具の多彩さを見よ！　それぞれの食感が生きていて、箸を持つ手がワクワクする

缶詰で贅沢を味わう

ついでに語源をもうひとつ、ご紹介したい。

その昔、がめ煮にすっぽん肉が使われたこともあったそうだ。

このすっぽんを、博多弁で「がめ」と言うので、がめ煮になったというのである。

これらの話は、福岡にある「一番食品」のK氏に聞いたことだ。

同社はがめ煮の缶詰を作っている、知る人ぞ知る食品メーカーなのであります。

僕はこのがめ煮缶を初めて開けたとき、まず思ったのは、

「何て贅沢《ぜいたく》な缶詰だろう」

この一事であった。

タケノコ、人参、里芋、ごぼう、蓮根、椎

茸、鶏肉、こんにゃく……。具材を指折り数えてみると、何と8種類も入っている。

具が増えれば美味しくなるが、多い分だけ、手間と時間がかかる。

しかも、それぞれがひと口サイズに切り整えられている。

これはすなわち、下拵《したごしら》えに、

「心がこもっている」

ことの表れでもある。

それぞれ皮を剝《む》いたり、あくを抜いたり、水に浸《つ》けて戻したりして、食べやすい大きさにカットしてある。

僕自身は、実はそういう仕事が嫌いではない。家で料理するときも、けっこう地道にこつこつやっていく。

そうして下拵えが終わり、食材がすべてきれいに並び、

「いよいよ炒めるか！」

このときの喜びは大きい。

その瞬間のためにこつこつやるのだ。

しかし、それが仕事となるとどうか。

家庭料理だからできることで、毎日となると、とても務まらないと思う。

知恵の結晶

いよいよ、その［がめ煮］缶を味わってみよう。

表面の照りも美しい蓮根は、さっくりしつつ、同時にねっとり感がある。このさっくり&ねっとりが蓮根最大の魅力だが、家庭でこの食感を出すのはなかなか難しい。

愛らしい椎茸（どんこ）を嚙《か》むと、中から

ウマい出汁が飛び出してきた。

　人参にはちゃんと人参の香りがあり、ごぼうも例の土っぽい香りがする。味付けは全体に甘めであります。

　これだけ多彩な材料を缶詰に仕上げるのは、実はたいへんなことだ。

　たとえば、ごぼうを柔らかく煮ようと思えば、時間をかけてコトコト煮ればいいのだけれど、そこに里芋を一緒にしてしまったら、里芋のほうが先に煮溶けてしまう。

　出汁が染み込んでいく時間や温度だって違う。

　材料それぞれの特性を知り、知恵を使って炊き合わせ、毎回、同じ美味しさを保っていく。それには、和食専門店並みの技術と心配りが必要なのであります。

がめ煮

希望小売価格
840円（税込）

製造・販売
一番食品株式会社

購入
直販サイト（販売期間あり）
http://ichiban-foods.jp

問い合わせ
一番食品株式会社　問い合わせフォーム
http://ichiban-foods.jp/contact/index.php

缶詰博士のワンポイント

熱々に温めるとできたての風味が味わえる。汁気が少ないので、弁当のおかずにも重宝しますぞ。

6

It's a Wonderful Canned Food

タコライス

沖縄グルメが缶詰になったぞ

［沖縄］

タコはタコでも、タコが違う

「タコライス」をご存じだろうか。

新鮮なタコがふんだんに使われたご飯……というのは冗談で、そのタコはまったく関係ない。

アメリカ南西部などで食べられているタコスという料理を、沖縄で独自にアレンジしたのがタコライスなのであります。

まず、タコスとは何か。

とうもろこしなどの粉で作った皮に、スパイシーに炒めた挽《ひ》き肉、レタス、トマト、アボカド、チーズなどの具を挟《はさ》み込み、ピリ辛のチリソースをかけてかぶりつくものだ。

それに対して、沖縄のタコライスは皮を使わず、白飯を用いる。

皿に白飯をよそって、その上に炒めた挽き肉、レタス、トマト……というふうにタコスの具を乗せて食べさせるのだ。

見た目のイメージとしては……ドライカレーが近い。

開けた瞬間からエキゾチックな香りが立ち昇る。これを家で作るのは手間が掛かるぞ

そこにサラダも、

「一緒に盛っちゃったよ」

という感じだろうか。

その見た目が、いかにもB級。

いかにも、やっつけ仕事。

ところがところが、見た目とは違って意外とイケるのであります。

パプリカやクミンなどで炒めた挽き肉は、ひと口頬張るだけで、頭の中にサボテンとかソンブレロといったラテンチックな光景が浮かんでくる。

そのエキゾチックなピリ辛挽き肉に、レタスの清涼な歯触りがよく合う。

そこにチーズやアボカドの濃厚さも入り込んできて、口中がこってりしてきたところでトマトの酸味が爽《さわ》やかに加わるという、うまいことできてる組み合わせなのだ。

そして、それらと一緒になった白飯が想像以上にウマい。

混沌《こんとん》から融和へ。融和から昇華へ。

あらためて、

「沖縄の食文化は奥深い……」

感心させられるのであります。

本場缶を味わう

そんなタコライスが、なんと缶詰になったという。

その名も、「タコライス」缶。

沖縄にある缶詰会社、［沖縄ホーメル］の

Uさんから、

「タコライスの缶詰を作ってみました」

と、サンプル缶詰と手紙が届いたのが今年

（2013年）の春のことだ。

さっそく缶詰を開けてみると、中には挽き

肉だけがみっしりと詰まっていた。

タコライスそのものが詰まっているわけで

はなかった。

だから、正確に表記すれば、

［タコライス用の炒めた挽き肉入り缶］

ということになる。

考えてみれば当たり前のことだ。

缶詰にレタスやらチーズを入れるわけには

いかないのだ。

なぜなら、缶詰は中身を缶に入れたあと、

フタを締めて密封し、それから缶ごと、高

温・高圧で加熱するのであります。

だから、フレッシュなレタスなどは入れら

れない。

入れてもいいんだけど、そのあと高温で加

熱されるから、最後は柔らかく煮たレタスに

なってしまう。

チーズだって溶けてほかの具に絡《から》まるし、

それらが渾然一体《こんぜんいったい》となってご飯に染み込んだ

となれば、

「何て不気味な……」

缶詰となること必定だ。

ともあれ、［タコライス］缶を前にした僕

はひとり快哉《かいさい》を叫んだ。

「やあ、こんな面白い缶詰が登場したぞ！」

タコライスは、ここ数年で沖縄以外でも食

べられるようになったが、それでもまだ全国的に知られている料理ではないと思う。

　そんなレアなご当地グルメを、思いきって商品化したところが、素晴らしい。

　サイズは、お一人様用にちょうどいいくらいの大きさで、個食化が進む現代のニーズにちゃんと対応している。

「さてこそ……」

　フォークですくって、ひと口頬張ってみる。

　肉は細引きでなめらかな食感。

　スパイスの香りも高く、飲み込んだ後でピリッとした辛さがやってくる。

　これはもはや、沖縄のタコライスだけでなく、元の料理のタコスにも使えるほど本格的ですぞ。

タコライス

希望小売価格
1710円（6缶セット、税・送料込）

製造・販売
株式会社沖縄ホーメル

購入
直販サイト
http://okinawahormel.com/index.html

問い合わせ
Hormelショッピング　問い合わせフォーム

缶詰博士のワンポイント

輸入食品店などでトルティーヤが買える。タコライスとチーズを合わせ、トルティーヤで巻いて食べると簡単ウマウマ！

7

It's a Wonderful Canned Food

ふくちり［山口］

トラウマも解消する幸福缶

人心乱す食べもの、ふぐ

〝ふぐ〟と聞くと、僕は心穏やかでいられなくなる。

「ふぐでも食べに行こうよ」

こんな誘いを受けると、何かこう、心の底のほうがざわざわとしてくるのだ。

普通は、高級料理を食べに行くとなれば、人の心はウキウキとなる。

たとえば、熟成肉の分厚いステーキ。

たとえば、天然鰻《うなぎ》の鰻重。

そういう料理を食べに行くなら、昂然と顔を上げ、欣喜雀躍《きんきじゃくやく》として店に入っていける。

しかしふぐ料理となると、どこか蒼惶《そうこう》となり、歩幅も小さくなり、

「今夜はお世話になります……」

態度が神妙となる。

その原因は、自分でも把握している。

実は、ふぐの美味しさがあまりわかっていないのだ。

大皿に広げられた、美しく透き通ったふぐ

きちっと巻かれたしらたきも美しい。これは小さなひとり鍋の世界だ

刺し。それを一、二枚つまみ上げ、もみじおろしを乗せ、わけぎを乗せ、ちょいとぽん酢に浸して口中へ。

もみじおろしとぽん酢の組み合わせが美味しく、わけぎの青みも爽《さわ》やかだ。

しかし、肝心のふぐの美味しさがよくわからない。

捌《さば》きたてのふぐは歯応えがあり、くにゃくにゃ、こりこりとして噛《か》みきれぬ。

いつまでも噛んでいるのも、

(行儀が悪いな)

どこかのタイミングで飲み込む。

舌の上に残っているのは、やっぱりもみじおろしやぽん酢の味だ。

味がわからないのは悔しい。どうしてもわかりたいから探求する。すると、顔付きも自然と険しくなっていく。

その様子は、端《はた》から見ていいものであろうはずもなく、

(どうもむくつけき様子だ)

誤解を与えてしまうようだ。

「何か心配事でもあるのですか」

気を遣われたりする。

やがて、鍋がやってくる。

この鍋で煮たふぐは、美味しいと思う。

鶏肉のようでいて、もっと淡泊で、咀嚼《そしゃく》するうち、少しずつうまみが湧《わ》き出してく

る。このうまみは動物のものではない。明らかに魚特有のうまみだ。

ここに至って、同席の御仁はようやく事情を察する。

僕が、

「ふぐ刺しの味がわからぬ男」

だと、バレてしまったのであります。

夏は冷やでもイケる

ふぐ料理は、普段はなかなか食べられない高級料理だ。

山口や大阪あたりでは、

「さして珍しいものじゃない」

と言うが、東京では、

「上を下への……」

大騒ぎとなる。

そんなふぐが、何と何と、缶詰で味わえるのであります。

それもふくちり、つまりふぐ鍋の缶詰が出ているのだ。

ふぐの本場・山口県下関《しものせき》市にある「マル幸商事」が販売するこの「ふくちり」缶。開けるとまず、嬉しい驚きがある。

小さな缶の中に、ふぐ、椎茸、しらたきがぎゅうぎゅうに詰まっているのであります。

椎茸は出汁《だし》を含んで黒々と濡《ぬ》れている。

しらたきはきっちり巻かれ、凛々《りり》しい姿だ。

そして主役のふぐは、骨付きの塊肉状態で数個、鎮座なさっている。

このふぐをひと口頬張れば……。嗚呼《ああ》。

店で食べた鍋の、噛めば噛むほどうまみが

湧き出す、あのふぐと同一であります。

ほろりと柔らかい中骨がいいアクセントになっている。これは缶詰ならではのおまけだ。

汁は薄味に整えられていて、ここにもふぐの滋味がたっぷり、にじみ出ている。すなわち汁もウマい。

さらにこの缶詰が面白いのは、冷たいまま食べても美味しいということ。

通常、魚介の鍋ものは、熱々でなければ生臭さが出る。しかしこの缶詰はまったく生臭くないのだ。これはすごいと思う。

この「ふくちり」缶のおかげで、僕のふぐに対する気後れもだいぶ減ってきた。例の「ざわざわ」も、いずれは解消されるんじゃないだろうかと、密《ひそ》かに期待している。

ふくちり

参考価格 500円（税別）

製造 マル幸商事株式会社

販売 直売店　魚餐《ぎょさん》

購入先例 直販サイト魚餐　http://www.marukou-inc.co.jp/pc/contents13.html

問い合わせ マル幸商事株式会社

問い合わせフォーム

https://www.business1.jp/business/user/EmailInquiry.do?pageId=6&customerId=874

缶詰博士のワンポイント

とてもあっさりした上品な味だが、ここにぽん酢、エキストラバージン・オリーブ油を加えるのも手だ。

8

It's a Wonderful Canned Food

つぶ水煮［北海道］

極上の貝缶を体カンせよ！

狂乱の缶詰

貝の缶詰は数あれど、この北海道の貝缶は、ちょいとひと味、違いますぞ。

その中身はツブ貝。

寿司種でもよく知られるこのツブ貝は、北海道では単に〝ツブ〟と呼ばれるそうだ。

それを新鮮なうちに茹《ゆ》で、缶詰に加工したのが、札幌にある［スハラ食品］が販売する［つぶ水煮］であります。

そのあまりの美味しさゆえ、人は皆、食べれば誰かに教えたくなる。

ツイッターとかフェイスブックでツブやきたくなる。

缶切りでフタを開けると、親指大の大きなツブがごろりごろりと入っている。実に壮観な眺《なが》めだ。

まずは何もつけずそのまま、口中へ……。

舌に乗せた瞬間に、貝のうまみ成分と言われるコハク酸が爆発する。

（か、缶詰の貝が、こんなにウマいなんて）

目を白黒させてしまう。
歯応えも素晴らしい。
しっかりとした弾力があり、かつ、しっとりねっとり、噛《か》みきれる。
噛めば噛むほど、うまみがやってくる。
夢中で飲み込み、ふたツブ目を口中へ。
やっぱりウマくて、みツブ目も口中へ。
そうなるともう、何か、
（狂おしいような……）
気持ちまで湧《わ》き上がってくる。

白く上等なツブがぎっしりと収まった様子は、何か妖艶な美しさまで感じられる

疑惑

ここらで少し、冷静になってみよう。
どうしてこのツブには、これほど濃厚なうまみがあるのか。
缶に巻かれたラベルを見れば、この缶詰の原材料が記載されているはずだ。
そこには「貝エキス」とか「うまみ調味料」なんかが載っているかもしれない。
それなら、
（うまみエキスを加えたんだな）
ということがわかる。
ところが、いくら眺めても、そういった記載はない。
原材料に書かれているのは、
「つぶ貝、食塩、ｐＨ調整剤（クエン酸）」
この3つだ。
ちなみに、ｐＨ調整剤（クエン酸）はうま

みとは関係ない。

食べ物の酸・アルカリ度を調整するためであって、その目的は保存性を高めるためであります。

となると、味付けは食塩のみ、ということになる。

ふと、缶内から、とてつもなくいい匂いがしていることに気づく。

これはひょっとして、ツブが浸《ひた》っている缶汁にヒミツがあるのではないか。そう思って、透き通った乳白色の缶汁を啜《すす》ってみると、

「うわあ……」

思わず声を上げてしまった。

あのコハク酸がたっぷりと溶け込んだウマウマ汁だったのであります。

解明

高級感漂う紙巻きラベルを眺めると、この缶詰がいかにして作られたかが書いてある。

「北の荒海で元気に育った良質なツブ貝を素早く浜ゆでし……」

以下、10文字×14行という文章量で、化学調味料をいっさい使っていないこと、「新製法」によるツブのうまみ成分だけで仕上げたこと、などが書かれている。

どうやら、この「新製法」というのが鍵らしい。

詳しいことが知りたくなり、僕は「スハラ食品」のK氏に問い合わせてみた。

すると、

「企業秘密なので公開していないんです」

ひと言、こうおっしゃる。

しかし、ヒントだけは教えてもらった。あるメーカーの作る牛乳で、ＲＯ膜という特殊な膜を使い、生乳から水分だけを取り除いて濃厚に仕上げた牛乳がある。これは僕も大好きな牛乳なのだが、その原理と似た製法を採用しているそうだ。

「でも厳密にはＲＯ膜製法ではありません」

何かよくわからぬが、とても高度な技術らしい。しかし味を加えたのではなく、天然のツブのうまみを使用していることは確かだ。

そんなハイテク製法を用いながらも、全体の製造工程では手作業の部分が非常に多く、いわば昔ながらの缶詰作りを続けているのだとも、Ｋ氏は教えてくれた。

新技術と、人の手による技の結晶。これがあの美味しさの本当のヒミツだったのだ。

つぶ水煮

希望小売価格 1050円（税込）

販売 株式会社スハラ食品

購入 スハラオンラインショップ
http://www.e-suhara.jp/item/show/s090070

問い合わせ スハラオンラインショップ　問い合わせフォーム
https://www.e-suhara.jp/inquiry

缶詰博士のワンポイント

そぎ切りにしてわさび醤油で食べると激ウマ。わさびが北海道特産の山わさびだったら言うことナシ、であります。

9

It's a Wonderful Canned Food

金目鯛［静岡］

あの高級魚も缶詰になったカンね！

「キンメちゃん」と呼びたい

僕は金目鯛に目がない。

どれくらい目がないかと言えば、金目鯛の煮付けを食べるために、わざわざ静岡の伊豆へ出掛けて行くくらいだ。

伊豆は、金目鯛の水揚げ量で日本一を誇る一大産地。

中でも、砂糖と醤油でじっくり煮付けたものは、昔から伊豆を代表するご当地料理であります。

上質な脂《あぶら》を内包した白身。

とろり、とろける赤い皮。

唇《くちびる》や目の周りのぷるぷるしたところ。

ヒレの付け根や頬の歯応え。

ひとつ頼めば4000円前後もする高級料理だが、これを相手に地酒をやるともう、

（堪《こた》えられない……）

このひと言に尽きる。

近年、伊豆では、金目鯛をもっと売り出そうと、新しいメニュー開発がどんどん進めら

赤い皮目と真白き身肉。見た目も味も上品な、新しいご当地缶詰であります

れているようだ。

身を薄くそぎ切りにし、これを鍋に張った熱い出汁《だし》にくぐらせるしゃぶしゃぶとか、すり身を玉ねぎやジャガイモと一緒に揚げるコロッケとか。金目バーガーだってあるのだ。

従来の、

「金目鯛イコール高級魚」

こんなイメージからの脱却を図っているのだろうか。

となれば、我々もそれに応えたい。

金目鯛などと堅苦しく呼ばず、これからは〝キンメちゃん〟と呼びたい。

もともとキンメちゃんは、姿だって愛らしいのだ。

透き通ったような赤い皮に、びっくりして見開いたような大きな目。

その目は黒々としている。

まるで金魚が大きくなったようだ。

ものの本で調べてみると、金目鯛は〝鯛〟と名が付いていても、鯛の仲間ではないという。キンメダイ目《もく》キンメダイ科《か》という、独立した種族であります。

「なんだ、鯛じゃないんだ」

むしろ親近感が湧《わ》いてくる。

「キンメちゃん。今後もひとつ、よろしく頼むよ」

声を掛けたくなってくる。

高級魚の缶詰デビュー

さらに最近、キンメちゃんがより身近になった。

ついに缶詰になったのであります。

企画・開発は、静岡の「水産技術研究所」。製造は、同じ静岡県内にある「由比《ゆい》缶詰所」という堂々たる布陣だ。

由比缶詰所は、日本一こだわったツナ缶を作っていることでも知られている（本書では、58～61ページで紹介）。地元・由比の人々に愛され続けている、素晴らしい缶詰メーカーさんであります。

国産の金目鯛を使ったものでは恐らく初めてとなったこの「金目鯛」缶は、筒切りにした身を水煮、油漬け（綿実油《めんじつゆ》）、バジル入りオリーブ油漬けの3種類に加工してある。

味付けは3つとも塩味だ。

この試食会を開こうということで、企画・開発したT氏と、由比缶詰所のK氏が事務所に持ってきてくれた。

「例の甘辛い煮付けはないのですか」と僕。

「缶詰にするのはかなり難しいです。いろいろと試行錯誤《しこうさくご》しているところです」とK氏。

さっそく、3つを一気に開缶してみる。

鮮やかな皮の色が一番よく出ているのが綿実油漬けだった。

ほろほろと崩れる柔らかい白身に綿実油が染み込み、どこかピーナッツのような香ばしさが出ていて美味。

塩水だけで味付けした水煮はあっさりとした身肉が味わえ、奥からじわり、脂のうまみが出てくる。とても上品な煮魚料理という印象だ。

バジル入りのオリーブ油漬けは、バジルの風味がしっかりと利《き》いている。オイルにもうまみが移っており、パスタやパエリアなどの具材に重宝する味付けであります。

「初夏に多く水揚げされる小型の金目鯛を活用したかった」

T氏はおっしゃる。

大型の金目鯛は高価で買い取られ、料理店やホテルで活躍している。

一方、旬《しゅん》の初夏に数多く揚がるのは、むしろ小振りのキンメちゃんだという。

サイズが小さい（あるいは揃《そろ》わない）などの理由で、価値が低くなりがちな魚を、缶詰にすることで活用したのであります。

快哉《かいさい》を叫ぼうではないか。

金目鯛（水煮・油漬・バジル入オリーブ油）

希望小売価格 各500円（税込）

製造 株式会社 由比缶詰所

販売 伊豆漁協直販所、伊豆漁協各支所（稲取支所除く）

購入 伊豆漁業協同組合 本所 業務課
TEL 0558-22-3585

缶詰博士のワンポイント

油漬とバジル入オリーブ油は、缶汁ごとパスタの具に使うと美味。水煮は缶汁をきり、お茶漬けの具にすると最高なのだ。

10

It's a Wonderful Canned Food

炙りビントロオリーブ油漬

セレブなツナ缶にうっとり

［静岡］

ツナ缶百景

日本で一番売れている缶詰はツナ缶だ。

サラダに、酢の物に、サンドイッチの中身にと、いろんな料理に使われている。

沖縄に行けば、

「魚のいいダシが出るサァ」

頼りにされ、ゴーヤーチャンプルーなどで活躍している。

しかし、であります。

これだけメジャーになってしまうと、それがアダとなり、逆にいい評価をされないことだってある。

たとえば、ピザ専門店に入ったとき。

トッピングに生ハムとか、モッツァレラチーズとか、アーティチョークなどというイタリアンな具材が並ぶ中、ツナが入っていたらどうなるか。

「何も外に食べに来て、わざわざツナなんか食べなくても……」

冷たいことを言われるのであります。

表面についた焦げ目が食欲をそそる。そのまま食べても美味しいプレミアムツナ缶

「ツナって缶詰だろ。わざわざ缶詰なんか食べなくても……」

敬遠されるのであります。

身近すぎる存在ゆえ、感謝されない。いつもそばにいるから、その真価が見えにくい。まるで家族のような扱いを受けているツナ缶だが、実はその世界は意外と深く、広い。

そもそも、ツナ缶にはマグロとカツオの2種類が使われているのをご存じだろうか。

カツオは大きく分類すればマグロの仲間とされている。だから缶界では、どちらもあわせてツナ缶と呼称しているのだ。

さらにマグロでは、主にビンナガマグロ、キハダマグロの2種類が使われている。脂《あぶら》が乗ってうまみの濃いビンナガマグロは、昔からツナ缶原料で最上とされ、その身肉の白さから「ホワイトミート」と呼ばれてきた。

調味液にも様々なタイプがあり、油漬けなら綿実油《めんじつゆ》、オリーブ油、大豆油、ひまわり油など、油だけでも多種多様。あるいは、油をいっさい使わない水煮タイプだってある。

これらはツナ缶のもっともベーシックな分野だが、そこにスイートコーンやポテトを一緒に入れて総菜のように仕上げたものや、キムチ鍋の具に使うよう特別開発されたもの、本格タイカレーに仕上げたものなども、続々と登場している。

今はツナ缶ニュージェネレーションの時代なのであります。

焦げてるから美味しい

中でも、［由比《ゆい》缶詰所］が作り出す［炙《あぶ》りビントロオリーブ油漬］は別格だ。

その商品名を聞いただけで、

（何事ならん）

聞き耳を立ててしまう。

（炙り？　ビントロ？）

思わず立ち上がりそうになる。

春・夏に獲《と》れる最高級のビンナガマグロ、そのトロ部分だけを使ったという、セレブリティなツナ缶なのだ。

ちなみに由比缶詰所は、前項で紹介した［金目鯛］缶を製造している缶詰メーカーでありまます。大手［はごろもフーズ］の［シーチキン］も受託製造しており、ミニマルな設備で最大限の工夫を凝《こ》らすという、非常に硬派なメーカーだ。

同社オリジナルブランド［ホワイトシップ］のツナ缶は、熱烈なファンがいることでも知られている。工場脇にある直売所には、毎日のように地元の人がツナ缶を買いに来ているのが、何よりの証《あかし》であります。

このホワイトシップのツナ缶は、すべて製造後、半年以上は倉庫に入れて保管される。その間にツナは油と馴染《なじ》み、ゆっくりと熟成されるのだ。

できたてのツナ缶が決して不味《まず》いわけではないが、半年から1年経ったものは、全体に油や調味液が馴染《なじ》み、味に丸みと柔らかさが出る。言わば〝缶熟《かんじゅく》〟した味へ昇華するのだ。

そんなホワイトシップの中でも、［炙りビントロオリーブ油漬］はファン垂涎《すいぜん》の的《まと》。

脂の乗ったトロ部分を香ばしく炙り、それを壊さないよう1枚ずつ手で剥《は》がして丁寧《ていねい》に缶に詰めるという、まるで和食店のような作り方をしているのだ。毎年、数量限定なのも頷《うなず》けるではないか。

直火で炙った部分は香ばしく焦《こ》げており、この部分がたまらなくウマい。箸《はし》で1枚ずつ剥がすと、内側の身肉はほのかにピンクを帯《お》びた美しい白だ。脂の乗りもほどよく、これを噛《か》んでいると、次第に恍惚《こうこつ》となってくる。

このまま寿司種にして握ってもらいたいくらいのクオリティであります。

炙りビントロ オリーブ油漬

希望小売価格 650円（税込）

製造 株式会社 由比缶詰所

購入 インターネットサイトで購入可

缶詰博士のワンポイント

そのままつまんでも香ばしくて美味。肉片を1枚ずつ味わいながら、ウィスキーを傾ける。至福の時間なり。

11

It's a Wonderful Canned Food

鱒《そん》財《ざい》缶《かん》［静岡］

レアなニジマス缶は育ちが違う

育ち良ければ味も良し

缶詰の味はまず、原料で決まる。

これは、缶詰メーカーの人が口を揃《そろ》えて言うことだ。

特に魚介缶はその傾向が顕著で、

「原料さえ良ければ、あとは塩を入れるだけでも美味しい」

こうおっしゃる。決して誇張《こちょう》ではない。真実として語られているのであります。

では、原料が養殖魚ならどうか。

その場合は、魚が育った環境の良し悪しが大きく関わってくるという。特に、

「エサがよろしくないと、育った魚の味もよろしくない」

養殖業者はおっしゃる。

通常、魚を養殖するには、飼料会社が作っているエサを仕入れて食べさせる。

飼料会社はそれぞれに工夫を凝《こ》らし、オリジナルのエサを開発しているわけだ。

そんな既製品のエサを様々試し、それで育

ったニジマスを自分で食べてみたら、

「天然ニジマスの味にはほど遠い……」

落胆してしまい、思い切ってエサをすべて手作りにしてしまったのが、静岡にある「柿《かき》島養鱒《しまようそん》」という養殖会社。

エサは、カツオやマグロなどの魚粉をベースに、小麦粉などを独自配合して作っている。そのエサで育った魚が理想の味になるまで、300通り以上の配合を試し、実に5年の歳月をかけてきたという。

たとえば、脂《あぶら》の乗った魚にするには、エサに油脂分を加えるのが一般的らしいが、

「油脂は使いません。魚もメタボだと美味しくないから」

こう言い切るのが、同社2代目社長となる岩本《いわもと》さんだ。

この人が、面白い。

養殖場にいるニジマスを「ニジちゃん」と呼び、毎日その泳ぐ姿を眺め、エサをまいている。

岩本さんの瞳《ひとみ》はつぶらで、まるで自分が育てているニジマスの瞳のようだ。

こうして愛情を込めて育てたニジちゃんを、

「手軽に多くの人に食べてもらいたい」

企画・開発したのが、日本で唯一のニジマス缶詰「鱒財缶《そんざいかん》」であります。

芳醇なバジルの香りがいい。
そのままつまめば白ワインや
シャンパンにばっちり合う

鱒が財産だから、「鱒財缶」。

人材のことを「人財」と呼ぶ企業があるが、それと同じであります。

料理にも活躍

さっそく、開けてみよう。

ニジちゃんは、筒切りの状態で缶に3つ4つ、収まっている。その大きさを見れば、生前のお姿はさぞ、

「ご立派だったろうな」

推測できる。

筒切りの断面は白いが、背骨に近い内側を開くとピンク色をしている。

皮目はシルバーに輝き、とても美しい。

調味液はバジルを利《き》かせたオリーブ油で、バジルの爽《さわ》やかな匂いが食欲をそそる。

味付けは塩味のみ。

考えてみれば、日本でニジマスを食べる機会は意外と少ない。

湖畔《こはん》のホテルに泊《と》まったときなど、食事にニジマスのムニエルが出てくることがあるが、あれくらいではないか。

あるいは、釣り師なら自分で釣ったものを食べることも可能だが……。

そう考えると、この「鱒財缶」は貴重でもあるわけで、マスマスありがたい存在に思えてくる。

「手軽に多くの人に……」

という岩本さんの狙《ねら》い通りになっている。

切り身を箸《はし》で持ち上げると、腹の部分がぷるぷるとして、いかにも柔らかそうだ。

皮と身の間には脂の層があり、この脂には

独特の美味しさがある。あっさりとして、それでいてコクもあるという、川魚独特の美味しさなのだ。

背身のほうはこっくりした歯触りがあり、もぐもぐやっていると、切り身ひとつでもけっこう食べ応《ごた》えがあることに気づく。

こうしてそのまま食べてもいいのだが、せっかくの珍しいニジちゃんであります。料理の素材にもどんどん使いたい。

耐熱皿を用意して、手で千切った舞茸《まいたけ》とニジちゃんを入れ、上から缶のオイルをたっぷりかけてやる。

香り付けにバターの小片を乗せる。

最後に、全体にまんべんなくパン粉を振りかけて、オーブントースターで焼いてみると、これが美味、美味。

鱒財缶

希望小売価格 367円（税込）

製造 株式会社 由比缶詰所

購入 インターネットサイトで購入可

缶詰博士のワンポイント

静岡県が選定する「ふじのくに新商品セレクション」認定缶詰。白ワインやシェリーと相性抜群なのだ。

12

It's a Wonderful Canned Food

やきとり柚子こしょう味［静岡］

執念と愛情が詰まった缶詰

炭火焼きの真実

工場見学は面白い。

熟練の職人が、黙々と手を動かす姿。

珍しい機械が、ひたすら運動を続ける姿。

見ていて飽きることがない。

缶詰工場もまた、同じであります。

原料の状態から製品に仕上がるまでの工程は、それぞれに見どころがあり、工夫が凝《こ》らされ、どの缶詰工場を見ても、

「なるほど！」

感心させられることばかりだ。

僕が最初にその魅力に取り憑《つ》かれたのは、やきとり缶詰で知られる［ホテイフーズ］の工場を取材したときだった。

場所は、静岡の蒲原《かんばら》。

歌川広重《うたがわひろしげ》の浮世絵［東海道五十三次］にも描かれている、昔の宿場町であります。

江戸時代の本陣や木戸の跡が残るその風雅な町の一角に、ホテイフーズは本社と工場の一部を構えている。

焼き鳥と柚子胡椒の相性の良さを実感する缶詰。見つけたら絶対に買うべき！

この工場が、すごかった。

まず驚いたのは、大きな炭が赤々と燃え、その炎で鶏肉が炙《あぶ》られていたことだ。

専用に作られた焙焼炉《ばいしょうろ》という長い長い炉があり、その中を鶏肉の大きな切り身が焼き網に乗せられ、ゆっくりと進んでいく。

鶏肉はまず赤外線コンロで焼かれるのだが、次に炭が燃え盛る上を移動していく。真っ赤に焼けた炭に脂《あぶら》が滴《したた》り落ち、それが香ばしい煙となって、肉にまとわりつく。

当然、周囲には、鶏肉が焼けるときのたまらなくいい匂いが満ちている。

足元には、燃料となる炭がいくつも置かれていた。この炭がどれも、太くて長い立派なものばかりなのだ。

まさか、本当に炭火で焼いているとは予想していなかった。そのことを率直に工場長S氏に言うと、

「炭で焼いてこそ焼き鳥。開発当初からこだわり続けてきたことです」

明快な答えが返ってきた。

大量生産の真実

こうして焼かれた切り身は、専用のカッターでひと口大にカットされ、機械で計量されてから空缶《くうかん》（缶界では新品の缶を「くうかん」と呼ぶ）に詰められる。

これでフタが締められるかと思いきや、そうではなかった。

中身の詰まった缶は、従業員の厳しい目で、ひと缶ずつ検査されるのだ。

それは機械で測定しきれなかった重量の微調整であり、また焦《こ》げ目や切り方が規定通りでないものを取り除くためであります。

それだけ手間をかけるのだから、工場内には当然、従業員がたくさんいる。

そのすべての人員が、専門の作業を受け持っていて、それに精通している。

僕は取材時、各工程でカメラのシャッターを切っていたのだが、レンズを向ける前に、

「こんにちは。写真を撮らせてもらいます」

ひと声かけている。

しかし、従業員の方から返事はない。

一心に、手元のやきとり缶を見詰め、手を動かしているのだ。

最後に礼を言うと、かろうじて、

「…………」

目礼をしてくれる。

マスクとフードに覆《おお》われたその表情、しかとはわからなかったが、目元を見る限り、微笑んでくれたようだ。

これらの光景は、

(缶詰は工業製品)

という思い込みを、あっけなく打ち破るものであります。缶詰工場は、大勢の人の手がないと成り立たないのだ。

そんな執念と愛情が詰まったホテイのやきとり缶だが、僕がもっとも愛するのは「柚子《ゆず》こしょう味」。

塩味をベースに、国産の柚子と唐辛子を使った柚子胡椒《こしょう》を利《き》かせてあり、2010年3月に発売になったものだ。

この柚子胡椒が、缶詰とは思えないほどしっかり利いている。

口に入れれば、柚子の清涼な香りが立ち昇り、その中にぴりっとした爽《さわ》やかな辛さがある。これは柚子胡椒の本場、大分県の人たちにモニターをお願いし、彼らが、

「間違いなく柚子胡椒味だ」

納得するまで、約1年をかけて開発したという。

使われる鶏肉は国産鶏だけ。

それでいて、希望小売価格は100円台と安価だ。

この企業努力には驚くばかりであります。

やきとり
柚子こしょう味

希望小売価格
160円（税別）

製造・販売
株式会社ホテイフーズコーポレーション

購入
直販サイト
http://hoteifoods.jp/shopbrand/001/O/

缶詰博士のワンポイント

このひと缶にモモ肉と胸肉が半分ずつ入っているというから驚く。本当に手間と愛情が詰まった缶詰なのだ。

13

It's a Wonderful Canned Food

オイルサーディン【京都】

歴史と美の宿る缶詰

愛しのイワシ

オイルサーディンはポピュラーな缶詰だ。サーディン、すなわちイワシは世界の海で獲《と》れる。だから、いろんな国でオイルサーディンが作られ、消費されている。

僕のストックをざっと眺《なが》めても、日本産、ポルトガル産、スペイン産、フランス産、ノルウェー産、ロシア産などがある。

以前、ポルトガル人と仕事をしたときに、「ポルトガルではどんな缶詰を食べますか」と訊《き》いてみたところ、

「新鮮な魚が安く買えるから、まず缶詰なんか食べないわね」

こんな答えが返ってきた。

しかし、同国は良質のオイルサーディンを作っていることで有名なのだ。そう言うと、「ああ、オイルサーディンね！　もちろん食べるわよ。あれはね、玉ねぎといっしょに食べるのが一番なのよ」

突然に目を輝かし、美味しい食べ方をレク

チャーし始めたのであった。

（さっき言ったことと違うじゃないか）

とも思ったのだが……。

ポルトガル人にとって、オイルサーディンはごく身近な食べ物で、日常食と言ってもいいくらい食べているから、

（缶詰だってことを忘れてたわ！）

恐らく、こういう存在なのであります。

日本で最初に作られた缶詰も、実はオイルサーディンだった。

手作業で詰められたイワシちゃんが愛おしい。醤油もレモン汁も合う万能選手だ

時は明治4年。場所は長崎。

ちょうど廃藩置県が行われた激動の年に、外国語教師を務めていた松《まつ》田《だ》雅典《がてん》が、同僚のフランス人レオン・デュリーの手ほどきを受けながら、日本で初めて缶詰の試作に成功した。それがオイルサーディンだったのだ。

「待て待て。なぜ教師が缶詰を作ったのだ」

まず、そこに疑問を持たれた方もいらっしゃると思う。

あるとき松田は、デュリーが缶詰（牛肉の缶詰と言われている）を食べているのを見て、

「おい。それはいったい何だね」

「これは缶詰というものだ。日保《ひも》ちがして便利だから、フランスを出発するときにいくつか持ってきたのだ」

「それにしても、君が来日したのはもうずい

ぶん前のことだ。それなのになぜ、その肉は腐ってないのだ」

「そこさ。食べ物が腐らず何年も長持ちする。それが缶詰というものさ」

およそ、こんなやりとりがあったと思う。

松田は俄然《がぜん》、缶詰に興味を持ち、どうしても自分で作りたくなってしまった。

一方のデュリーも製造法を詳しく知っていたという偶然が重なった。これが我が国の、缶詰産業の曙光《しょこう》となったのであります。

激ウマのオイルサーディン

そこで、我が国を代表する「オイルサーディン」をひとつご紹介したい。

「日本一美味しいオイルサーディン」

と絶賛され、メディアでもたびたび紹介されている京都の「竹中罐詰《かんづめ》」のものだ。

使われるイワシは、京都・丹後《たんご》近海で獲れるマイワシとカタクチイワシの2種類。どちらもそのサイズが小さいのが特徴で、頭と尾を落とした状態で全長が5～6センチほどだ。

実はこの小ささに美味しさのヒミツがある。大きなイワシと違って、脂《あぶら》の乗り具合が絶妙なのだ。

ひと口噛《か》むと、まずやってくるのは身肉そのものの味。マグロで言えばトロではなく、熟成した赤身のようなものだ。噛みしめるほどにうまみが湧《わ》き出し、

「脂が乗ってて柔らかい。とろける」

などという平板な味とは次元が違う。

そこにゆっくりとイワシの脂が顔を出す

が、それが丸く甘く、ふわっと軽い。

やがて身肉と脂は渾然一体《こんぜんいったい》となり、塩気の塩梅《あんばい》も良く、これはもう、

「イワシがこんなにウマいものか……！」

豁然《かつぜん》と目覚める思いがする。

この激ウマのイワシが、缶に整然と詰められている佇《たたず》まいがまた、素晴らしい。

通常、長方形の缶に入ったオイルサーディンは、その長辺に沿ってイワシが並んでいる。それが「竹中罐詰」の場合は、短辺に沿って、頭と尾を互い違いにして詰められているのだ。

中央には真四角に切った月桂樹《げっけいじゅ》の葉が一枚、すっと、添えられている。

まるで奈良時代の木造建築を見ているような美しさだ。一見の価値はありますぞ。

オイルサーディン
（マイワシ）

参考価格 475円（税込）
製造 竹中罐詰株式会社
販売 インターネットサイトなど
購入 インターネットサイトで購入可

缶詰博士のワンポイント

マイワシとカタクチイワシの2種類があり、マイワシのほうが数十円高い。マイワシはコクがあり、カタクチイワシはあっさりしている。

14

It's a Wonderful Canned Food

かきくん製油づけ

生牡蠣《かき》とはひと味違う

［京都］

金属臭の実験

缶詰に対して、

「金属っぽい匂いがして、どうもいけないね」

苦言を呈《てい》する人がいる。

実際には、開けたときの缶自体の匂いが記憶に残っているのであって、中から取り出した食べ物に金属臭が残るわけではない。

しかし、人間は記憶とイメージで判断するものだ。金属臭がすると言われれば、確かにそんな匂いがしてくるのだ。

では逆に、金属臭がするから美味しいという、そんな食べ物があったらどうか。

そんなバカなと思うかもしれぬが、実はあるのです。

それは牡蠣であります。

生牡蠣をつるっと頬張ったとき。

牡蠣フライをがぶりと嚙《か》んだとき。

独特の金属臭が鼻から抜けていくのがわか

る。その匂いがあるからこそ、牡蠣は美味しいのだ。

　牡蠣には亜鉛《あえん》が豊富に含まれると言われている。

　それが直接、人間の嗅覚で嗅《か》ぎ分けられるのかどうかは知らぬ。その検証は今後の課題にするとして、ここでは先を急ぎたい。

　あの匂いは確かに亜鉛である……ということにして、先を急ぎたい。

粒の大きさが違う。うまみが違う。ぷりっとした食感が違う……。牡蠣缶の最高峰

　であれば、だ。

　牡蠣を缶詰にしてしまえば、

「金属っぽい匂いがするから、美味しいよね」

　こうなるかもしれない。

　理屈ではそうなるはずだ。

　実際、牡蠣の缶詰は昔から人気があり、国産品から輸入品まで数種類が売られている。

　中でも、燻製《くんせい》にして油漬けになったタイプは定番品とも言えるもので、酒好きの左党の方々には、

「ありゃあ最高の肴《さかな》だね」

　垂涎《すいぜん》の缶詰なのだ。

いてもたってもいられない

　牡蠣の名産地と言えばまず、広島と宮城が思い浮かぶ。

　ほかにも瀬戸内や三陸、播磨灘《はりまなだ》に志摩《しま》など、日本各地に牡蠣の養殖場があって、それ

ぞれが味を競い合っている。

牡蠣の缶詰ができるのも、必要な数量を安定確保できる養殖技術があったればこそ、なのであります。

中でも京都の丹後《たんご》・久美浜《くみはま》湾を中心に獲《と》れる大粒の牡蠣を使っているのが、「竹中罐詰」の作り出す「かきくん製油づけ」だ。

大粒と書いたのは誇張ではない。

数種類出ている牡蠣の燻製油漬け缶の中で、竹中罐詰のものが一番、身が大きいのだ。

その製造方法はと言うと……。

旬《しゅん》の時期に獲った牡蠣を選別し、まずはボイルして身を引き締める。

その後、一度燻製にすることで、香ばしい燻蒸香が加わってくる。さらに身も引き締まって、牡蠣のうまみがぎゅっと凝縮されていくのだ。

これらの下拵《したごしら》えを経てから、綿実油《めんじつゆ》といっしょに缶に詰められ、缶ごと加圧・加熱されて、ようやく缶成となるのであります。

この牡蠣は、合計3回の加熱工程を経たとは思えないほど、身がぷりっとしている。

ジューシーな身には牡蠣のエキスがたっぷり詰まっているが、その味は生牡蠣を食べたときの味とはまったく違う。

まず、磯の鮮烈な匂いはない。

嚙んだときに海水が弾《はじ》けるようなフレッシュ感もない。

そして、あの金属臭もない。

なんと言うことだ。

（金属臭が美味しさに変わるはず）

この前提でここまで先を急いできたのに、それが破綻《はたん》してしまった。

しかし、金属臭がない代わりに、燻製のたまらなくいい匂いがしている。

ぷっくりした部分を嚙めば、魚の肝《きも》のような濃厚さがある。

味にくすみがない。舌の上にうまみが無限に広がり続け、

「……！」

いてもたってもいられなくなる。無二無三に味わい、夢中で飲み込むばかりだ。

この牡蠣缶は、温めるとさらに美味しい。温めると牡蠣がふっくら柔らかくなる。

その相手は、グラスに入ったウィスキー。秋の夜長、このコンビでミステリーを読むのは、まさに至福のひとときであります。

かきくん製油づけ

参考価格 725円（税込）

製造 竹中罐詰株式会社

販売 インターネットサイトなど

購入 インターネットサイトで購入可

缶詰博士のワンポイント

玉ねぎをみじんに刻み、かき燻製と混ぜ合わせ、レモン汁を絞ると、それだけで一品料理になる。

15

It's a Wonderful Canned Food

缶つま びわ湖産稚鮎《ちあゆ》油漬け

とにかく酒を呼ぶ缶詰

［滋賀］

缶詰呑み今昔

缶詰は酒に合う。

飯のおかずにもいいが、酒の肴《さかな》にすると、それこそ、

「堪《こた》えられない……」

ものがいくつもある。

これは不思議である。

缶詰の何が、そうさせるのだろうか。

そのバラエティに富んだ中身だろうか。

あるいは、フタを開けるだけでいいという簡便さだろうか。

昔は、缶詰で酒を呑《の》むのは、あまり世間体《せけんてい》のいいものではなかった。

どちらかと言えば、それは貧相なイメージを伴《ともな》っていた。

どちらかと言えば、細君に相手にされないお父さんのイメージもあった。

とくに若い女性からは、

「イヤねえ。オヤジ臭くて」

非難された。

「うるせえ、こっちはオヤジなのだ。何が悪い」

悔《くや》しくて叫《さけ》んでも、その声は若い女性に届かない。

まあその、別に若い女性をそれほど気にすることもないのだが……。

ともあれ、そうした、

「缶詰呑み不遇の時代」

が長く続いたのは事実であります。

それが、この数年で、ついに変わろうとしている。

それも、劇的に変わろうとしている。

なにしろ、缶詰メーカーが、

「酒のお供に缶詰ぴったり！」

こう謳《うた》い始めたのだ。

中でも、「国分」のＫ＆Ｋ「缶つま」シリーズはその本流だ。２０１０年の発売以来、これまで続々と新アイテムを追加している。

愛らしい稚鮎がぎっしり入っていて圧巻。油漬けになっているから絶妙のコクがある

そのどれもが酒に合うし、缶つまという名前だって、

「缶詰をつまみに呑んじゃってください」

この省略だという。ウソのような本当の話であります。

このシリーズの開発を担当する国分のＭ氏は、考え方が徹底している。

「ウチは酒に合う缶詰しか作りません」

常にこう言い切っている。

ご飯のおかずにも最適です……などとは絶対におっしゃらない。
マスを狙《ねら》うのではなく、ターゲットを絞《しぼ》り込む戦略。それも、酒呑みだけに絞り込むという剛胆さ。
この不敵な戦略が功《こう》を奏《そう》し、今では同社だけでなく缶界全体が盛り上がっている。
消費者もそれを受け、日本各地で、
[缶詰で女子会]
[ワインと缶詰の夕べ]
こんなイベントが開かれるようになった。
数年前には想像もできなかったことであります。

本当の贅沢

そんな缶つまの中でも、ひとたび口にすれば、

「清酒、清酒をくれい！」

思わず叫んでしまうのが[びわ湖産稚鮎油漬け]だ。

稚鮎、すなわち人間で言えば稚児の鮎。これを軽く干してから、丸ごと綿実油《めんじつゆ》に浸《つ》けて缶に詰めたという、まことに優美な缶詰だ。

全長5～6センチのほっそりした鮎は背が黒々とし、腹はシルバーに輝いている。目も口もついた状態で、十数尾が丸い缶にぎっしり収まっている。

姿は小さいのに、ちゃんと鮎特有のほろ苦さが味わえるのが面白い。

実は、今まで稚鮎を食べたことはなかった。缶詰のおかげで初体験であります。

はじめは1尾ずつ、慈《いつく》しむように食べてい

るのだが、やがて、

「辛抱ならぬ」

　2～3尾をまとめて口中へ。

　当然、ウマさも2～3倍となり、飲み込んだその口に注《そそ》ぎ込む清酒が、爽《さわ》やかに舌を洗っていくという。

「これはもう、堪《たま》りませんなあ」

　酒宴は駘蕩《たいとう》たる雰囲気となる。

　そのまま食べても美味しいが、ちょいと醤油を垂《た》らすと和の味わいが強くなる。

　あるいはハードチーズをすり下ろすと、今度は一転、イタリアンに変化する。こうなると白ワインが欲しくなるのは必定だ。

　もはや缶詰呑みがビンボーな時代は終わった。むしろ真の贅沢《ぜいたく》が味わえるのであります。

缶つまプレミアム びわ湖産稚鮎油漬け

希望小売価格 500円（税別）

販売 国分株式会社

購入 国分アンテナショップ「ROJI日本橋」やインターネットサイトで購入可

缶詰博士のワンポイント

十数尾も入っているので、2～3人で食べてちょうどいい。少しずつ、ゆっくり味わいながらつまみたい。

16

It's a Wonderful Canned Food

缶つま 北海道産ししゃも&子持ちししゃも

食べ比べも楽しい本シシャモ缶

［北海道］

どうせなら本物使いましょう

北海道には美味しいものがたくさんある。とくに海産物。これは抜群にウマいと思う。

北海道の海は暗く冷たく、一見しただけでは不毛に思える。しかし、その中には海藻の森が広がり、多種多様な生物が生まれ、暮らしている。

何事も見た目と実際は違っているという好例であります。

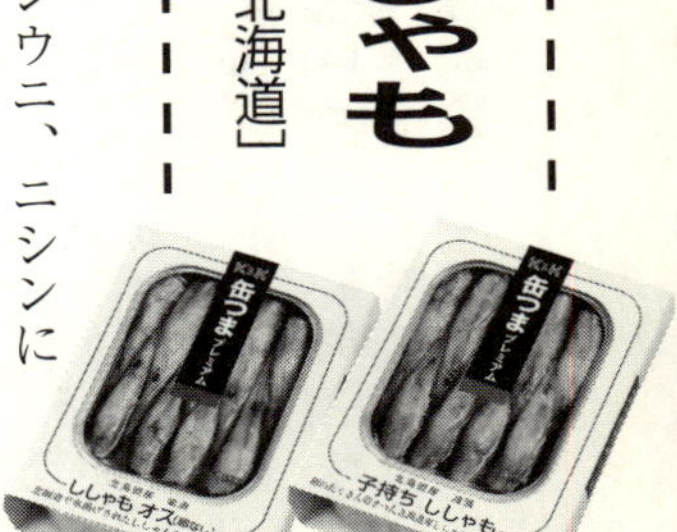

北寄《ほっき》貝、バフンウニ、ニシンにホッケにカニにイカ。そして、ちょいと地味だが根強い人気を誇《ほこ》るのがシシャモ。

生干しにしたものを、火で軽く炙《あぶ》ってやると、清酒のアテなどに最高だ。

しかしそのシシャモが、今は油断できぬ。本物のシシャモ、いわゆる本シシャモは、世界でも北海道東南部沿岸でしか獲《と》れないという希少種だ。これがまた、近年は漁獲量が減るばかりだという。

一方、シシャモの名でより多く出回っているのはカラフトシシャモ。主にカナダやアイスランドから輸入されていて、スーパーなどでよく見るのはむしろこっちだ。

市場での流通量は、本シシャモがたったの1割。残り9割がカラフトシシャモだとも言われている。

なにしろ、産地の北海道でさえ本シシャモは貴重品だというから、

「なんだか寂《さび》しいような……」

現況なのであります。

さて、そこで登場するのが、［国分］のK&K［缶つま］シリーズのシシャモ缶であります。

当然、カラフトシシャモを使っているのかと思いきや……。あろうことか、本シシャモを使っているのだ。

これには僕も驚いた。

当初、そのことを聞いたときに思わず、

「えっ、本物のシシャモ使ってんですか。マジっすか」

学生のような言葉遣いになってしまった。

それに対して、同社開発担当のM氏は、

「どうせ作るんなら、本シシャモのほうがいいでしょう」

実に明快なのだ。

そりゃ、本物がいいに決まっている。

なにしろ、味が違うのだ。

オスとメスを別々に発売という、ウソのような本当の缶詰。味の違いは確かにわかる

カラフトシシャモのほうは、身肉の味が薄く、水っぽく、けっして不味《まず》くはないが感動もない。

一方、本シシャモを食べると、これは間違いなく感動する。肉質はふっくらとしており、うまみが強く、それでいてとても上品な風味を持っている。

希少でウマい本シシャモが缶詰になったのだから、これは密《ひそ》かにまとめ買いし、戸棚の奥にでも仕舞《しま》っておきたくなるではないか。

オス・メスどっち？

さらにこのシシャモ缶。あろうことか、オスとメスを別々に商品化してるという凝《こ》りようだ。

これには僕も驚いた。

「えっ、オスとメスを分けてんスか？」

中学生のような言葉遣いになってしまった。人間、興奮すると幼稚になるらしい。

メスのほうは子持ちなので値段が高く、希望小売価格で１４００円もする。

オスのほうは同９５０円である。

この差額は、当然のことではある。

しかし、同じオスとしては、

（メスより安く売られてるのか）

少々、複雑な思いもある。

しかし、シシャモ通によると、肝心の味に関しては、

「オスのほうが断然美味しい」

なぜなら、卵に栄養を取られない分、身肉にうまみが乗ってくるという理屈だ。

そこで、まずはメスのほうを先にいただい

たのだが、これが予想以上に美味しい。
脂《あぶら》が乗っていて、噛《か》むとうまみのある卵が飛び出してくる。
その馥郁《ふくいく》たる風味は、なんとなく、
（女性的だな）
そう思わせるものがある。
期待していたオスのほうはどうか。
繊細《せんさい》な身肉が舌の上で崩れ、シシャモ特有の、ちょいと川魚に似た匂いが立ち昇る。
確かにうまみは濃く、噛みしめるたびに微笑できるのだが……。
どうも、メスのほうが美味しかったような気がする。
生干しと缶詰では、味に違いが出るようだ。これは新発見であります。
さて、読者諸賢はどちらが好みだろうか。

缶つまプレミアム 北海道産ししゃも＆子持ちししゃも

希望小売価格 オス950円／メス1400円（各税別）

販売 国分株式会社

購入 国分アンテナショップ「ROJI日本橋」やインターネットサイトで購入可

缶詰博士のワンポイント

軽く温め、実山椒などを乗せていただくと美味。オス・メスを買って食べ比べしてみよう！

17

It's a Wonderful Canned Food

味付巻ゆば

精進料理を缶詰で味わう

［栃木］

動機は2つ

我が国の缶詰はレベルが高い。

製造技術、味付け、商品開発力と、そのどれをとっても、

「世界一のレベルである」

誇《ほこ》れることは間違いない。

それだけの商品作りが、どのようにして行われるのだろうか。

僕は、主に2つの動機があると推測している。

まずひとつは、缶詰メーカーによる、

「今までにない缶詰を作ろう」

この単純な動機だ。

動機が単純でも、新商品を開発し、世に出していくのは、並大抵のことではできぬ。

並でも大抵でもないということは、日々、それこそ精励恪勤《せいれいかっきん》せねばならぬ。

東に美味しい料理があると聞けば行ってその味を確かめ

西に新しい食材が見つかったとなれば

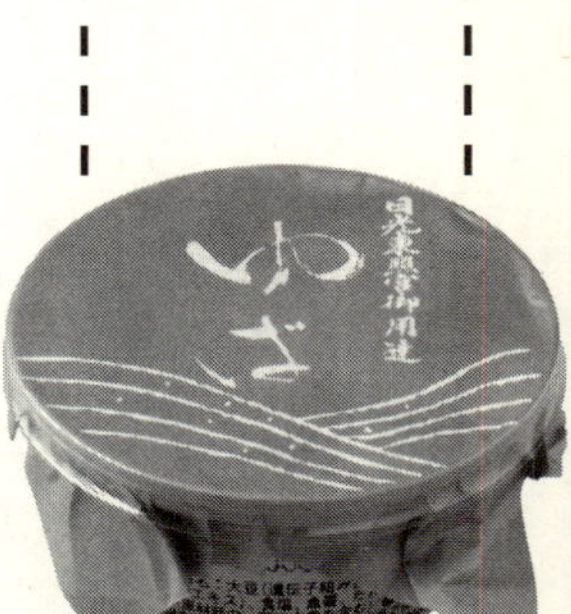

行って話を聞いてみる

まるで宮澤賢治の詩のような生活を送っている人たちなのだ。

もうひとつの動機は、缶詰メーカーではない業者（生産者や飲食店など）が、

「ウチの商品を缶詰にできないか？」

こう思いつくことによる。

（なぜ缶詰にしたいのかしらん？）

疑問に思われる方もいらっしゃると思う。

澄んだだし汁に浸かっている。あっさりした味で、ゆば本来の風味がよくわかる

それは、缶詰が常温のまま長期保存できるという特性を持っているからだ。

いつも扱っているのが生の食品なら、その鮮度を保てる加工をして、冷蔵トラックなどに乗せ、制限時間内に店頭へ並べないといけない。

本当に足の早い食品なら、遠方へ運ぶことは難しくなる。それが缶詰になれば、常温で運べるし、保管するのにも特別な設備はいらない。

と、なれば……。

これまで地元以外ではなかなか食べられなかった名店の料理や伝統食品が、缶詰になることでいろんな場所で売られるようになる。

作り手にとっては販路拡大、認知度向上、売り上げ伸長が期待できる。

買い手にとっても、珍しいものが手軽に買えるのだから、喜ばしいことこのうえない。

こうしてユニークな缶詰が登場してくるわ

けであります。

そのひとつの好例が、「日光《にっこう》ゆば製造」の作り出す「味付巻ゆば」缶詰なのだ。

大豆づくし

同社はゆば製造の専門業者だ。生ゆばのほかに「乾燥ゆば」、「味付ゆば」など多様な製品を作っている。

中でも異彩を放つのが、この「味付巻ゆば」缶。

水ようかんで使われるような可愛い缶に、きちっと巻きしめたゆばがひとつ入り、周りを上品なだし汁が満たしている。

よく見ると、だし汁の表面にわずかに油が浮いているのが見える。これは、生のゆばを巻きしめてから一度、油で揚げているためだ。

箸《はし》でつまみ上げると、ゆばは周りからほろほろと剝《は》がれていくが、その一枚一枚には意外と厚みがある。

豆乳を煮たときに、表面にできる膜《まく》がゆばなのだが、これを串で引き上げるとき、中央に串を通して、2つ折り状態で引き上げるのが日光ゆばの特徴なのだそうだ。

2枚重ねになった分、厚みがある。

ちなみに京都では、引き上げるときにゆばの端《はし》に串を通し、1枚になるように引き上げるという。

同じゆばでも、仕上げ方が地域によって違うのであります。

「味付巻ゆば」は、そのまま食べてもすごく美味しい。

厚みがある分、噛《か》み応《ごた》えがある。
外側から一枚ずつ剝がし、じっくり噛みしめていると、明らかに豆乳の風味が感じられる。

ちまちま剝がさず、巻かれたまま頰張ってもいいが、それだとすごくもったいない。

実は一度、そうしてがぶりとやったことがあるのだが、愛らしい巻ゆばはあっという間に口中から消え去り、あとには一抹《いちまつ》の寂《さび》しさだけが残ったのであった。

あんな寂しさは二度とごめんである。

ちまちま、じっくり、味わうほうがいい。

揚げるときに使う油は、大豆油を使っている。ゆばも大豆からできているのだから、これはとことん大豆を使った缶詰ということになる。

味付巻ゆば

希望小売価格 1050円（3缶セット、税込）

製造・販売 日光ゆば製造株式会社

購入 直販サイト
http://www.nikkoyuba.net/tsuhan.shtml?254

缶詰博士のワンポイント

箸で剝がしたところに、ちょいとわさびをつけると実に美味。醤油はつけずに味わいたい。

18

It's a Wonderful Canned Food

そぶくめ

名古屋が誇る和菓子缶

［愛知］

夏の風物詩

盛夏。

畳の上に寝転がり、昼寝をむさぼる快楽といったらない。

半分眠り、半分醒《さ》めているという、自《じ》堕落《だらく》な状態が続く。

窓外から聞こえてくるのはセミの声。

（もっと鳴け。そうして短い命を生きろ）

夢うつつに声援を送る。

時々、セミの合唱に被《かぶ》さるようにして聞こえてくるのは、物売りの声。

物干し。網戸。豆腐。いろんな物売りがやって来る。

中でも、わらび餅売りの口上《こうじょう》は風情《ふぜい》がある。

「冷たくてェ、エエ。美味しい～ヨ」

声に誘われ、むっくりと起き上がる。

わらび餅を買いに行くように思えるが、そうではない。

缶詰のわらび餅があるのを思い出したの

だ。

読者諸賢よ。あの伝統の和菓子、わらび餅が缶詰になっているのですぞ。

商品名は「そぶくめ」という。

名古屋にある老舗《しにせ》和菓子舗「つくは祢屋《ねや》」が製造・販売しているもので、「知る人ぞ知る……」銘菓なのだ。

通販はやっておらず、ネットでも買えないから、まさにご当地缶詰といえる。

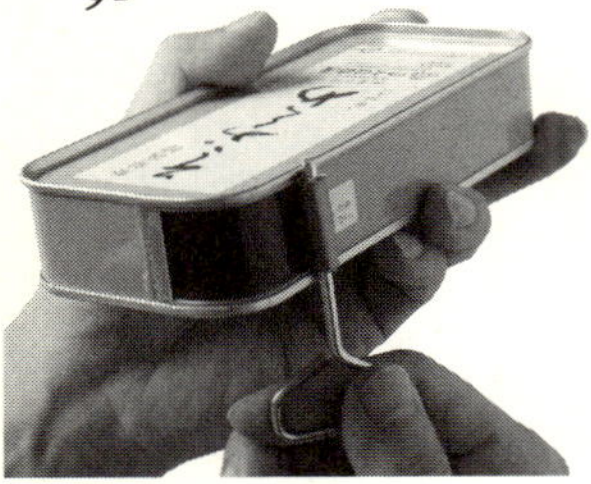

独特の１周巻き取り開缶方式が楽しい。甘さ控えめの味には品格というものを感じる

　わらび餅は、作るのに非常に手間が掛かることで知られている。

　植物のわらびの地下茎《けい》を掘り出し、丁寧《ていねい》に洗って土を取り除いてから、叩いて水にさらし、沈殿と濾過《ろか》を繰り返してでん粉を抽出し、これを乾燥させる。

　収穫から乾燥まで十数日は掛かるというが、これでやっと原料のわらび粉ができた段階だ。

　このわらび粉を水に溶かし、火に掛け、木べらで混ぜ続けると、でん粉質が固まってくる。

　このときの木べらの手応えは非常に重く、たえずかき回し続けるため、たいへんな重労働らしい。

　やがてねっとりとしたところを型に入れて、食べよい大きさに切ったものが、わらび餅となる。

開缶の快感

「そぶくめ」は賞味期間が30日だ。

一般の缶詰が3年であることを考えれば、

（ずいぶんと短い……）

こう思われるかもしれない。

しかし、わらび餅自体の賞味期間はさらに短い。作ったその日のうちに食べるのがいいくらいなのだ。

「そぶくめ」も、賞味期間を過ぎると風味が落ちていく。

「一番美味しいうちに召し上がってください」

この作り手の願いには素直に応《こた》えたい。

食べる前に冷やしておくのがオススメだ。

その平たく長大な缶は、まず開けるところからドラマが始まる。

イージーオープンなどという安易な仕様ではない。コンビーフと同じ、巻き取り鍵によるくるくる開缶方式なのだ。

付属する大きな巻き取り鍵の穴部分に、缶側面にある突起《とっき》部分を差し込んで、まずはひと巻き。

鍵にしっかりと巻き付いたことを確認したら、あとは丁寧《ていねい》に1周させていく。

人力で金属を切り開いていくというこの開缶方式は、他の缶詰では味わえないものがある。

まさに快缶だ。

やがてドラマはクライマックスへ向かう。

中から現れた「そぶくめ」はミルクチョコ

レート色をしており、瑞々《みずみず》しく、全体にゆるっとしている。

これを切り分け、付属のきな粉をたっぷりとまぶして、ひと口……。

やっ。

通常のわらび餅とは違う。水ようかんのような清涼さがあって、甘さが少なく、実にウマい。

説明書きを見てみると、わらび餅ではなく「わらび菓」と記載されていた。つまりこれは、つくは祢屋オリジナルの菓子なのだ。

天明元年（1781年）に創業し、熱田《あつた》神宮の御用を務めたこともあるという老舗和菓子舗が作り出す和菓子缶。

名古屋に行かれた際には、土産《みやげ》物として絶対にオススメですぞ。

そぶくめ

希望小売価格
1470円（税込）

製造・販売
つくは祢屋

購入
つくは祢屋店舗など

問い合わせ
つくは祢屋
愛知県名古屋市昭和区阿由知通2-5-4
TEL 052-741-1481

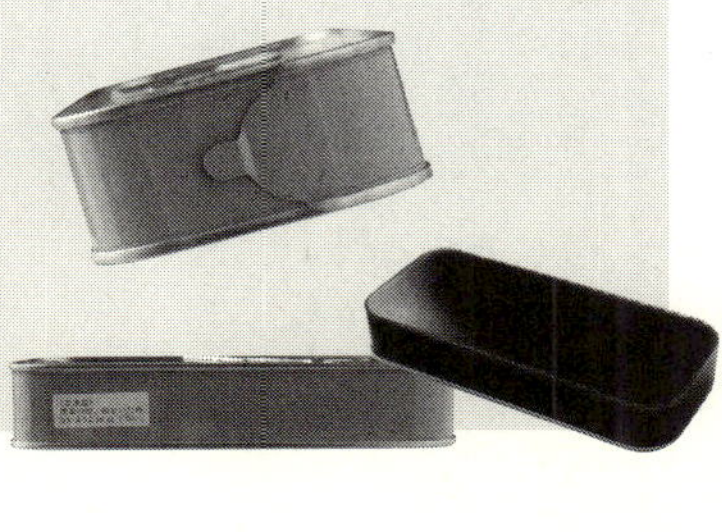

缶詰博士のワンポイント

付属のきな粉に砂糖が入っていないのもいい。食べやすい大きさに切り分けてからきな粉をまぶすのがうまい手。

19

It's a Wonderful Canned Food

ご当地コンビーフ

「大人買い」して食べ比べ

【山形 高知 愛媛】

贅沢感、てんこもり！

缶詰と聞いてまず思い浮かぶものに、コンビーフがある。

あの独特の形状。

肉100％の贅沢《ぜいたく》感。

頂上に輝く白き脂《あぶら》は、あたかも冬の富士のごとし。

肉に飢《う》えていた昭和の時代、コンビーフはご馳走《ちそう》だった。

子供の頃はまず、食べることができなかった。

食べられないから、余計に食べたい。

あの肉の塊《かたまり》を、それこそ丸ごと、

（かぶりつきたい……）

こう願ったのは、恐らく僕だけのことではあるまい。

それが少しずつ、日本人の可処分所得額が増え、外国から安い輸入食品も入ってくるようになると、事情は変わった。

今や肉は高価なものではなくなった。

何となれば、コンビーフの贅沢感も失われたのだ。

僕はよく、缶詰の試食イベントを行うのだが、そこでときどき出会うのは、

「今までコンビーフを食べたことがない」

という人だ。

世代は、20代から30代前半までがほとんど。性別は関係なく、男女どちらでも、そういう人がいる。

「どんな味か想像もつかない」

「これ、どうやって開けるんですか?」

信じられないかもしれないが、こういう人たちは決して少なくないのだ。

(なんだか、自分がずいぶん歳を取ったような……)

落莫《らくばく》感さえ感じる瞬間ではある。

しかし、だ。

そういう若者は、何の先入観も持たずにコンビーフを食べることになる。

これはちょいと、面白いことではないか。

実際、食べてもらうと、

「うわ、こんなに美味しいものなんですね」

素直に評価する人が多い。

「どうしてこの缶はこんな形なのですか」

純粋な好奇心で聞いてくる。

コンビーフが苦手な人は、むしろ、40代以上の世代に多い。

いわく、独特の匂いが苦手とか、脂が多すぎるとか、

「カロリーが高いからムリ」

などなど。

カロリーの件はひとまず、置いておくとし

て……。

コンビーフが苦手だという方々にぜひ、試していただきたいのが、ご当地コンビーフの食べ比べであります。

山形のご当地コンビーフだべ

まずはコンビーフの代表格、［ノザキ］のコンビーフから［山形県産牛コンビーフ］の登場だ。

山形県寒河江《さがえ》市の［日東ベスト］が受託製造しているこのコンビーフは、その名の通り、山形県産の牛肉を使っている。

その特徴は、肉に豊かな香りとうまみがあり、脂にはうっとりするような甘みがあることだ。

スタンダードなコンビーフよりも、ほぐし方が粗《あら》いのも特徴。これは食べたときに、「肉を噛《か》んでいるぞ」という快感につながる。

そのお値段、８９０円。

パッケージはきらきらと黄金色に輝き、まさに王者の風格だ。

都内の某有名寿司店のご主人が、これを食べて、

「こんな美味しいコンビーフは食べたことがないよ。これはもう別格だ」

興奮したというエピソードも残っている。

一度、このコンビーフを作っている［日東ベスト］にお邪魔したことがあった。

その製造工程は、僕が想像していた以上に手間と時間が掛かるものだった。ここでぜひ、読者諸賢にご紹介したいと思う。

なぜなら、ほかのコンビーフも、製造原理は共通しているからだ。

その最初の工程は、生肉を丁寧《ていねい》に掃除することから始まる。

両手で抱えるほどの塊肉（主に肩肉やモモ肉）をまな板に置き、筋切り包丁でひとつずつ、筋《すじ》や筋膜《きんまく》、脂を取り除いていく。

これらはすべて手作業だ。

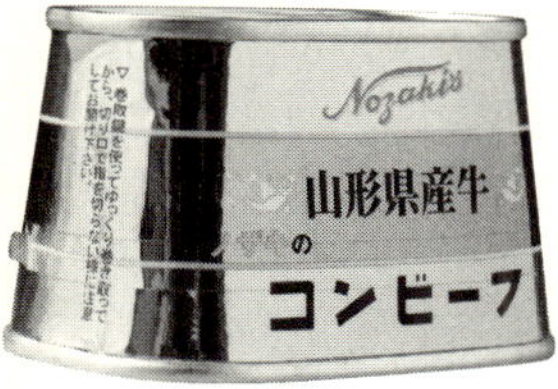

素敵なバブル時代を想い出させる黄金缶。中身も山形県産牛使用でゴージャスだ

数人の従業員が並び、包丁を振るって処理していく。

その光景は、まるで町の肉屋そのものだ。

そうしてきれいになり、扱いやすい大きさに切り分けられた生肉は、一度塩漬《しおづ》けされ、冷蔵庫で48時間以上寝かされる。

これを業界では塩漬《えんせき》というが、この工程によって肉が熟成され、コンビーフらしい味が出てくるのだ。

熟成の終わった肉は釜に入れられ、高温・高圧で加熱される。この工程で肉が柔らかくなるので、繊維《せんい》状にほぐし、再度、細かい筋や余計な脂などを手作業で取り除いていく。

こういう手作業は、工程全体の随所にあり、そこでは大勢の人たちが一心に働いている。

機械による自動化が進んでいるかと思いきや、実は人の手による作業が大部分を占めているのであります。

さて、ほぐされた肉は、見た目にもだいぶコンビーフらしくなっている。

これを大きなタンクに入れ、別に用意したミンチ肉（つなぎになる）と調味料を合わせ入れ、加熱しながらかき混ぜていく。これで肉にまんべんなく味がつくわけだ。

混ぜ終わった熱々のコンビーフをひと口、食べさせてもらったのだが、これが驚愕の美味。

ねっとりと濃厚で、バターのようなうまみがあり（バターは入っていないのだが）、それでいてクドくない。

これを例の台形の缶に詰めて、密封し、缶ごと加熱・殺菌すれば、ようやくコンビーフのできあがり、となるわけだ。


さて……。

そろそろ、山形のご当地コンビーフの話題に戻らねばならぬ。

前述の、缶に肉を詰める工程だが、スタンダードなコンビーフを作る場合、高温状態に保った肉を機械を使って缶に充塡《じゅうてん》していく。

しかし山形県産牛コンビーフは、機械ではなく手作業で詰めていく。

なぜかというと、肉のほぐし方が通常よりも粗いため、充塡するための機械の中を通らないのだ。

肉の温度は摂氏90度近い。

それを、分厚い手袋をはめた手で、熟練の従業員が素早く詰めていく。

いくら手袋をしていても、熱くて大変な作業だというのは容易に想像がつく。

８９０円という高価格には、そんな労働力も含まれているのだ。

高知のご当地コンビーフぜよ

次に、高知のご当地コンビーフ「窪川《くぼかわ》牛コンビーフ」をご紹介申し上げたい。

全国のカヤッカーが憧《あこが》れる清流、高知県の四万十川《しまんとがわ》。

その中流域にある窪川地区で、手塩にかけて肥育されたのが窪川牛だ。

この肉を使った窪川牛コンビーフは、ほぐし方が粗く、脂の量が少ないので、「赤身の肉を噛みしめるような」歯応えがある。

味付けも、わずかに醤油を利《き》かせたような発酵調味料的うまみがあり、全体的にさっぱりとした和のテイストが感じられて面白い。

亜硝酸ナトリウムを使わない「無塩漬《むえんせき》」製法で作られているのも、特徴のひとつだ。

亜硝酸ナトリウムは、一般に発色剤と呼ばれ、肉の加工品では広く使われている。

これが入らないと、コンビーフは赤色ではなく茶褐色になるが、それは加熱した肉本来の色みでもある。

「窪川牛コンビーフ」を販売しているのは高知県内のスーパー「サニーマート」のみ。これは同社オリジナ

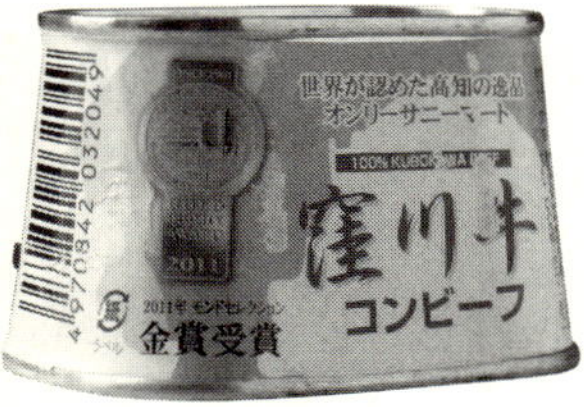

他のコンビーフとは明らかに違う“和”のテイストが感じられる。超レアコンビーフ

ルのコンビーフなのだ。その直販サイトで扱う機会があれば、他県の人でも買うことができるが、いつも扱っているわけではないようだ。

いずれにしても、大手スーパーや百貨店にも出回らないし、本当に欲しいとなれば現地に赴くのが一番確実という、日本一レアなコンビーフなのであります。

その独特のテイストを一度ぜひ、味わっていただきたい。

愛媛のご当地コンビーフなんよ

高知のお隣《となり》、愛媛には「おいしい愛媛産牛コンビーフ」がある。

使われている肉は愛媛産牛100％。

窪川牛コンビーフと同じく、無塩漬製法で作られていて、肉のほぐし方が粗いのも同様であります。

ラベルには、

「着色料・保存料・化学調味料不使用」

と謳《うた》われている。

牛肉本来の風味を、

「そのまま活かして作りました」

というのがセールスポイントだ。

熱々に温めてから食べると、それがよくわかる。

脂が溶け、全体にじっとりと湿潤《しつじゅん》したところを頬張ると、うまみがねっとりと舌に絡《から》みつく。

牛肉の香り高く、味付けの塩梅《あんばい》も良く、夢中で食べ進んでしまう。

尋常ならざる事態である。

牛肉そのものの風味を味わえる無塩漬製法コンビーフ。脂の美味しさがヤバい

（まずい。ひと缶全部食べてしまう）

意識のどこかで警告が鳴っているのだが、それを無視するほどのインモラルな味わいなのだ。

「惑溺《わくでき》」などという言葉が思い浮かぶ。

実にウマいコンビーフであります。

ところで……。

この商品に書かれている「保存料不使用」という表記だが、缶詰はすべて、保存料不使用で作られていることをご存じだろうか。

缶詰は、食品を缶に詰めたあと、空気を抜いて密封し、缶ごと高温で加熱殺菌するのが基礎原理だ。

その原理通りに作られていれば、保存料を使わなくても、中の食品は半永久的に腐らないのであります。

それはなぜか。ここでちょいと、生物の授業を思い出していただきたい。

19世紀に、ルイ・パスツールが行った実験があった。

「白鳥の首フラスコ」に肉汁を入れ煮沸すれば、放置しておいても、

「肉汁は腐らない」

ということを証明した実験だ。

彼が考案した白鳥の首フラスコは、外から微生物が入れない作りになっている。何となれば、微生物がいない状態を保てれば、食品

は常温のままでも腐らないわけだ。

缶詰を缶ごと殺菌するのは、食品や缶の内面にいるかもしれない微生物を殺菌するため。そのあとの密封状態が保たれることで、中の食品が半永久的に腐らないという理屈であります。

またまた愛媛のコンビーフなんよ

クラシックな外観同様、中身も正統派のコンビーフ。比較的あっさりしている

同じ愛媛にはもうひとつ「国産牛のコンビーフ」というご当地コンビーフがある。

国産牛という括《くく》りが大らかだが、中身は愛媛の宇和島《うわじま》牛をメインに使っている。

ほかにブレンドしている肉も、

「すべて国産ですよ」

という意味だ。

山形県産牛コンビーフと同様、亜硝酸ナトリウムを使用しているので、肉の色は赤色っぽい。

また、亜硝酸ナトリウムは風味にも作用する。使用することで、素朴な牛肉の味に、独特のうまみと香りが加わるのであります。

これはたとえば、ハムやソーセージを食べたときに感じる、じわっと唾液が湧《わ》いてくるような風味、あれと同種のものだ。

この風味がなければ、

「コンビーフじゃない」

という人もいる。

「国産牛のコンビーフ」も、温めるとその香りが立ち昇る。

昭和の世代にとっては、いかにもコンビーフらしい香りでありります。

味付けは比較的あっさりとしている。

肉のほぐし方が粗いから、噛み応えはたっぷりと堪能できる。噛んでいると濃いうまみが湧き出し、それが最後まで失われない。

これが宇和島牛の本来の味なのか、ブレンドによる妙なのか、それはわからない。

わからないが、美味しいものは美味しいのだ。

コンビーフのカロリー問題

ここで取り上げたご当地コンビーフは、いずれもその牛肉の産地を「ご当地」として選んでみた。

ほかにも様々なブランドでコンビーフが出ているので、もっとも好みに合うものを見つければいいのであります。

そうして出合ったコンビーフは生涯のパートナーとなること、間違いない。

ところで……。

この節の初めのほうに、

「カロリーの件はひとまず、置いておくとして……」

と書いたことを憶《おぼ》えている読者諸賢もおいでだろう。

その「置いておいた」カロリーの話をせねばなるまい。

現代では、脂肪分を減らしたコンビーフが

手前から山形県産牛コンビーフ、窪川牛コンビーフ、国産牛のコンビーフ、おいしい愛媛産牛コンビーフ。見た目の表情もこんなに違う

大手3社から発売されている。

　ノザキのコンビーフを例にすると、レギュラーのコンビーフ100グラム1缶で243キロカロリーだが、「脂肪分ひかえめコンビーフ」だと同じ100グラム1缶で136キロカロリーと、約半分になっている。

　すごいのは、脂肪分をカットしてもちゃんと美味しいことだ。

　料理研究家の知人がこれを食べて、

「脂肪分を減らしてもこんなに美味しいなんて、今までのコンビーフは何だったの」

いかにも女性らしいコメントを残している。

　ただし、脂の甘みを味わおうと思えば、少々物足りないのは事実だ。

　とくに「おいしい愛媛産牛コンビーフ」のようなインモラルな美味しさは望むべくもない。

　美味しいものはカロリーが高い。これもひとつの真実ではある。

　脂肪分を控えたコンビーフは、ノザキのほか国分と明治屋でも出している。

　サンドイッチの具に使うなど、料理に使うにはいいと思う。

ノザキの山形県産牛コンビーフ

希望小売価格　890円（税込）／**製造**　日東ベスト株式会社／**販売**　川商フーズ株式会社／**購入**　直販サイト　川商フーズストア　http://www.k-foods-store.net/1_70.html／**問い合わせ**　川商フーズストア　問い合わせフォーム　https://www.k-foods-store.net/support1.cgi

缶詰博士のワンポイント

耐熱容器にあけ、バター小片を加えて電子レンジで温めると、工場の「できたてコンビーフ」の味が再現できる。

国産牛のコンビーフ

参考価格　735円（税込）／**製造**　株式会社アール・シー・フードパック／**販売**　四国明治株式会社／**購入**　インターネットサイトで購入可

缶詰博士のワンポイント

千切りジャガイモと一緒に香ばしく炒めるハッシュドコンビーフがオススメ。ビールに最高であります。

窪川牛コンビーフ

参考価格　980円（税込）／**製造**　株式会社アール・シー・フードパック／**販売**　株式会社サニーマート／**購入**　サニーマート／**問い合わせ**　サニーマート　問い合わせフォーム　http://www.sunnymart.co.jp/voice.html

缶詰博士のワンポイント

購入先が限られている、非常にレアなコンビーフ。2011年から3年連続でモンドセレクション金賞受賞。

おいしい愛媛産牛コンビーフ

希望小売価格　945円（税込）／**製造**　株式会社アール・シー・フードパック／**販売**　株式会社　創健社／**購入**　直販サイト　http://oi-shi.com/sokensha/item.html?item=121771／**問い合わせ先**　株式会社おいしい　☎　0120-187-565

缶詰博士のワンポイント

とろとろに煮込んだあとの牛肉という感じ。文句なくウマいですぞ。

20

It's a Wonderful Canned Food

デコポン［熊本］

アッパー感漂うフルーツ缶

ミカン缶への愛

日本は柑橘《かんきつ》大国であります。

それも、世界でもまれに見るほどの柑橘大国であります。

なぜなら……。

各地で自慢の柑橘類が育てられ、それぞれに個性があり、味を競い合っている。

それらを我々は愛《め》で、味と香りの違いを、

「心から愉《たの》しんでいる」

このことであります。

たとえば、果汁や皮を利用するものだと、柚子《ゆず》、すだち、かぼす、ダイダイ、シークワーサーなど、ざっと思いつくだけでもこれだけある。

柚子などは、初夏から秋にかけては清涼感のある青柚子、晩秋から冬にかけては温かみのある黄柚子と、同じ果実を季節に応じて使い分けるほどだ。

こうした柑橘への愛は缶詰にも及んでいる。

あの、昔からあるミカン缶。

内側の袋（内果皮《ないかひ》という）まで剥《む》いてあるのは、考えてみればすごいことではないか。

「中身だけぱくぱく食べたい」

日本人共通の願いが、ミカン缶ではみごと、叶《かな》えられているのだ。

内果皮を剥く技術は昭和2年、広島の加島正人氏により考案されたという。

彼は房を離したミカンを苛性ソーダ液の中に入れ、互いに擦《す》り合わせることで自然に剥皮できる装置を発明したのであります。

ひと房の大きさに感動をおぼえる。2人でもたっぷり食べられる量が入ってて嬉しい

この基礎技術の上に、様々な創意工夫が加わって、ミカン缶は進化し続けてきた。

現在ではどのように作られているのか。その一般的なやり方をご紹介したい。

まずはミカンを湯通しして、柔らかくなった外皮部分を、ローラーで巻き込むように剥《は》がし取る。

出てきた果実は、水中で高圧の水を吹き付けて房を分離させる。これでひと粒ずつに分かれた状態だ。

最後の内果皮はセルロースなどでできており、酸とアルカリを使って分解できる。ひと粒ずつになったミカンを、0・3〜0・7%の塩酸溶液が入った樋《とい》の中を通し、のちに0・2〜0・5%の水酸化ナトリウム溶液が入った樋を通して中和する。この時点で内果皮は剥けているのだ。最後に、水さらしを30分から60分ほど行って、溶液を完全に除去するのであります。

シロップも進化

ミカン缶は温州ミカンが使われるが、同じ柑橘類だとほかには八朔《はっさく》、甘夏、伊予柑《いよかん》、デコポンなども缶詰になっている。

これらが並んだ姿はまさに壮缶。これも柑橘大国なればこそ、であります。

中でも「デコポン」の缶詰をご紹介したい。

デコポンは「JA熊本果実連」が商標登録した名称で、品種名では不知火《しらぬひ》という。

デコッとした膨《ふく》らみが愛らしく、甘くて汁気が多い高級品種だ。収穫期は12月から4月くらいまで。しかしこの時期を逃しても、缶詰になっていればいつでも食べられる。

旬《しゅん》ではない時期に食べるのは、

「ちょいと酔狂《すいきょう》な……」

愉《たの》しみではあるが、生産者からすると、収穫期に採れた果実をムダにすることなく活用できるという、素晴らしい側面があるのだ。

シロップに浸《つ》かったデコポンを取り出すと、ひと粒がかなり太く、大きい。

これを頬張ると、粒がぷちぷちと弾《はじ》け、中から甘い果汁が飛び出してくる。

歯触りがしっかりとしていて、シロップに浸かっていたとは思えないほどだ。

そのシロップは甘みがかなり抑えられている。だからデコポンそのものの甘みがじっくり、味わえる。

フルーツ缶全般に言えることだが、近年の健康志向に合わせ、シロップの糖分は控えめになってきているのだ。

ちなみに、缶界ではシロップのことを「シラップ」と呼ぶ。

昔のフルーツ缶の、とろりと濃く甘いのはエキストラヘビー・シラップ。

糖度が低くなるにつれ、ヘビー・シラップ、ライト・シラップ、エキストラライト・シラップとなる。

糖分も砂糖だけでなく、ビフィズス菌を増やすというガラクトオリゴ糖を使ったものも登場してきた。

シロップも進化しているのだ。

デコポン

参考価格 2200円（6缶セット、税込）

販売 あしきた農業協同組合（JAあしきた）

購入 インターネットサイトで購入可

缶詰博士のワンポイント

不知火の中でも一定基準を満たしたものだけがデコポンを名乗れる。地元の人にとっても贅沢品だとか。

21

It's a Wonderful Canned Food

鯖のへしこ ［福井］

ちびちび食べたい珍味缶

現代の若狭人、福井缶詰

　夏山や　通ひなれたる　若狭《わかさ》人

江戸時代の俳人、与謝蕪村《よさぶそん》の詠《よ》んだ句だ。

若狭人とは、福井の若狭地方に住む行商人のことを言う。

若狭と京を結ぶ若狭街道、別名を鯖街道とも呼ぶが、その道を、汗をかきかき飛ぶように進む行商人の姿が目に浮かぶようだ。

運んでいたのはサバかもしれぬ。

若狭で早朝に水揚げされたサバを開き、ひと塩振ったものを担《かつ》いで、街道を一昼夜かけて上っていくと、京都へ着く頃にはちょうど塩がこなれ、食べ頃になったという。

中には、京の町の手前で待ち構える人もいて、こなれる寸前のサバを買い求め、これを賞味するのが、

「もっとも通《つう》の食べ方だ」

粋《いき》がる人もいたらしい。

なんとも太平楽な、羨《うら》ましいエピソードで

あります。

そして、現代。

若狭小浜《おばま》湾のすぐそばに、昭和18年創業の缶詰メーカー［福井缶詰］がある。

オリジナルブランド［マーメイド印］を展開するほか、大手缶詰メーカーの受託製造も行っている会社だ。

特大サバ（1尾600グラム以上）を使ったサバ缶はとくに素晴らしく、こってりと脂《あぶら》が乗った身肉は背身まで柔らかくて、かつ、飲み込んだあとは口の中に脂っこさが残らないという感動もの。

スライスした身が美しく収まっている。食べ残した分は清潔な保存容器に移し冷蔵庫へ

「それはぜひ食べてみたい」

思われた御仁は、ぜひ同社の直販サイトを見ていただくとして……。

ここではちょいと、別の缶詰をご紹介したい。

それは、サバをぬか漬けした北陸地方の郷土料理［鯖のへしこ］の缶詰なのだ。

日本海沿岸では古くからサバ、サケ、マスなどを漬け込み、発酵させることで保存性を持たせる食文化が発達してきた。へしこもそのひとつで、江戸時代中期にはすでに作られていたという。

へしこ作りは秋から冬にかけて行われる。

まずサバを開いて内臓とエラを取り、塩をまぶして2週間ほど下漬けをする。

のちにサバの塩を取り除き、今度はぬか味噌をまぶして樽に漬け込み、重しを乗せて10ヵ月ほど本漬けとする。

ぬか味噌に含まれる乳酸菌や酵母が作用して、サバのタンパク質の一部がアミノ酸に変化する。つまりうまみが増していくわけだ。

さらに発酵中は様々なビタミン類が生成されるので、サバはビタミン豊富な滋養食へと変身する。

とくに野菜が不足する冬など、貴重な食べ物だったに違いないのであります。

アンチョビの仲間

このへしこを食べよい大きさにスライスし、油に漬けて缶に密封したのが「鯖のへしこ」の缶詰。

皮のついた切り身を頬張ると、油の香ばしさとサバの味がまずあって、次に塩辛さがやってくる。この塩辛さが美味しい。

ただしょっぱいのではなく、奥深いうまみを内包しており、そのうまみは飲み込んだあとも舌の上にしばらく残っているほどだ。

この滋味《じみ》深い風味こそ、発酵食品独自のもの。通常の缶詰では味わうことはできぬ。

それというのも、実は……。

「鯖のへしこ」缶は缶詰ではないのだ。

中身を詰めた缶を密封し、缶ごと加熱殺菌したのが缶詰の定義。

それに対して「鯖のへしこ」缶は、密封したあと加熱殺菌を行わない。だから厳密には缶入り食品ということになる。

カタクチイワシを塩漬けしたアンチョビ缶

詰があるが、あれも同じものだ。食品が塩漬けになっていることで食中毒菌が生きていけず、さらにオイル漬けになっていることで風味が保たれる。うまいことできてるのだ。

　それにしても、このへしこは美味しい。ひと切れを箸《はし》でちぎり、少量を口に入れるだけで酒が進んでしまう。

　相手にするのは清酒もいいし、焼酎もいい。

　泡盛のシークワーサー割りなどは、その爽《さわ》やかな風味が、へしこの濃厚な味を洗い流してくれる。僕は好きな組み合わせだ。

　この「鯖のへしこ」缶、「福井缶詰」はあくまでも製造会社という立場で販売は行わない。購入するには地元の販売店でということになるので、ご留意されたい。

鯖のへしこ

参考価格 1200円（税込）前後

製造 福井缶詰株式会社

販売 若狭フィッシャーマンズ・ワーフなど

購入先例 インターネットサイトで購入可

缶詰博士のワンポイント

小浜市の若狭フィッシャーマンズ・ワーフか一部のインターネットサイトでしか買えないレア缶。お土産にも最高。

22

It's a Wonderful Canned Food

だし巻き［京都］

出汁《だし》が溢《あふ》れるだし巻き缶

魅惑の「缶詰バー」

これまでいろんな缶詰と出合い、驚きと感動をもらってきた。

しかし、だし巻き卵の缶詰が出たときには、心底驚いてしまった。

読者諸賢よ、信じられるだろうか。

卵焼きの缶詰自体、それまでなかったというのに、それが出汁を含んだ京風のだし巻きだというのだ。

（加熱で卵がぱさぱさにならないのか）

（色合いは変化しないのか）

様々な疑問がいくつも浮かんだ。

そして、実際に食べても、

（いったい、どうやって作ったんだろう）

新たな疑問が湧《わ》き上がってきた。

それらの内容は後述するとして……。

まず、語らねばならぬことがある。

それは缶詰バーの話だ。

缶詰バーとは、つまみに缶詰ばかりを提供するバーのことだ。

オーセンティックなバーでも、たとえばオイルサーディンを熱々にし、醤油をさっとかけ回したものなどを出すところがある。

また「角打ち」と呼ばれる、酒屋の一角で酒を呑《の》ませる店でも、つまみに缶詰が出るところはある。

缶詰バーは、これらがもっと進化した業態だ。

進化というより深化といったほうが適切かもしれないが、ともかく。

缶詰バーに入ると、本棚のような拵《こしら》えがあり、そこに売り物の缶詰が並んでいる。

これが缶詰なんて面白すぎる。かなりのボリュームなので分け合って食べよう

客はそこから好みの缶詰を選び、飲み物といっしょにオーダーし、飲食を愉《たの》しむという仕組みだ。

缶詰は常温のまま食べてもいいし、頼めば温めて出してもくれる。

いずれにせよ、缶詰以外は大した食べ物はない。あくまでも缶詰を愉しむ場所なのだ。

さて、そんな缶詰バーの中で、フランチャイズ展開しているチェーン店がある。

大阪に本店を置くミスター・カンソ（mr.kanso）という店だ。

ここは全国でオーナーを募集して出店しており、2013年8月時点で大阪・東京を含め27店舗も展開している。

そもそも缶詰バー自体が目新しいのに、そ

れがチェーン展開しているのだからすごい。

「それだけ缶詰が注目を集めている」

ことの証左ではないだろうか。

京風だし巻き卵の缶詰なんて!

ミスター・カンソは、店舗展開するだけでなく、自ら監修したオリジナル缶詰を発売している。

その第1弾が、前述のだし巻き缶なのだ。

京都にある卵焼きの専門業者［吉田喜《よしだき》］にだし巻きを作ってもらい、これを缶詰業者へ送って缶に詰めるというやり方で販売しているのであります。

開缶すると、淡い黄色のだし巻きが、筒切りにされた状態で4切れ、きっちりと収まっている。

缶にはフチいっぱいに出汁が満たされており、だし巻きはこれに浸《つ》かっている状態だ。

つまり、加熱による卵ぱさぱさの懸念は払拭《ふっしょく》された。

箸《はし》でつまみあげると、ほどよい弾力がありながら、柔らかく千切《ちぎ》れていく。

食べやすい大きさにして、ひと口。

(……!)

出汁が口の中に溢《あふ》れ、外に垂《た》れそうになる。それも鰹節《かつおぶし》の利《き》いた美味しい出汁だ。

卵はしっかりと巻かれているが、全体にはふわっとしている。嚙《か》むとちゃんと卵の風味がある。

淡い黄色が美しいが、この色合いを出すために試作段階で非常に苦心したと、ある取材で伺《うかが》った。

「缶に詰めた後の加熱処理で、どうしても焦《こ》げた色になってしまう」

のちに、だし巻きに含まれる砂糖が焦げていることに気づき、砂糖を減らしながら試作を続けた。

最終的には砂糖を一切使わないことで、焦げを防ぐことができたという。またその結果、甘みのほとんどない、いかにも関西風の上品な味に仕上がったわけだ。

まさに、執念のなせる業《わざ》。

卵焼き職人と缶詰職人が一体になり、無二無三に働いた結果であります。

この缶詰は弁当に使ってもいいし、朝の忙しい時間におかずの足しにしてもいいと思う。

ぜひ体験してほしい面白缶詰ですぞ。

だし巻き

希望小売価格 3300円（6缶セット、税込）
販売 mr.kanso（ミスターカンソ）
購入 直販サイト
http://cbshop.jp/kanso.com/original.html

缶詰博士のワンポイント

大根おろしとわさび、醤油を添えれば、品のいい一品料理になる。

23

It's a Wonderful Canned Food

金《きん》華《か》さばみそ煮【宮城】

日本一応援されている缶詰

命をつないだサバ缶

缶詰には感動も詰まっている。

これは、まぎれもない事実であります。

2011年の東日本大震災で、缶詰メーカーの多くが被災したことは、読者諸賢の記憶にも新しいと思う。

そんなメーカーのひとつに「木の屋石巻《いしのまき》水産」がある。

宮城県石巻市に本社・工場を構え、石巻漁港に水揚《あ》げされたブランドサバ・金華さばを使った味噌煮缶などで知られたメーカーだ。

あの日。

地震後の大津波によって、木の屋の本社も工場も叩《たた》き潰《つぶ》され、倉庫の中は3階部分まで海水が押し寄せた。

海水が引いた後、倉庫には泥がうずたかく残り、悪臭を放っていた。それは漁港の底に溜まっていた重油と砂などの混合物で、一度付着すると容易には取れないものだ。

生き残った社員S氏らは、救援を待つ間、

「絶対に生き延びよう」

互いを励まし合った。

水も食料もない状態だ。

ショックと寒さ。飢《う》え。乾き。

極限状態である。

そんな中、S氏の目に、きらりと光る物体が映った。

それは、泥の中に半ば埋《う》まっていた、在庫の缶詰だった。

（潰れてさえいなければ、中身は無事だ）

確信し、缶詰を掘り出して泥を拭《ぬぐ》い、食料としてみんなに配った。

ブランドサバ・金華さばは脂の乗りが絶妙。柔らかさのある甘い味付けはクセになる

そのとき食べた缶詰ほど、

「美味しいものはなかったです」

のちにS氏は語っている。

やがて救援部隊が駆《か》けつけ、命は助かった。徐々にだが、復興へ向けた活動も始まった。

ところで……。

同社はもともと、東京・世田谷の経堂《きょうどう》という町に縁があった。

経堂にはイベントカフェ「さばのゆ」という店があり、この店を中心に有志の団体が、

「サバ缶で町おこし」

という取り組みを行っていたのだ。

木の屋を代表する「金華さばみそ煮」は経堂の人々に非常に高い評価を受け、町おこし

に参加している外食店で看板メニューに使うまでになっていた。

そんな経緯もあったため、震災後にS氏は同僚や社長の木村長努《きむらながと》氏と経堂・さばのゆを訪れ、まずは無事生還したことを報告したのであった。

一方の経堂の人たちは、彼らの無事を喜びながらも、

「なんとか木の屋復興を支援できないか」

この思いでいっぱいだった。

製造は魚次第

「やっ、どこかで聞いた話だ」

こう思われた読者諸賢も、きっといらっしゃると思う。

この後、石巻の同社倉庫に、ボランティアが毎週のように出掛け、埋まった缶詰を掘り出し、泥を洗い、これを売って義援金とする復興支援活動が行われた。その様子はテレビや新聞など数多くのメディアが報道し、復興支援のモデルケースと評価されたのであります。

さて、復興に向けた活動は現在も続いているが、木の屋では新たな工場も完成し、少しずつではあるが本業を再開している。

その目玉となるのは、やはり「金華さばみそ煮」缶だ。

金華山沖周辺で獲《と》れたマサバの中で、とくに鮮度が良く、大型のものが金華さばとして認定される。

木の屋では、このサバを魚市場で仕入れ、生の状態から缶詰にしてしまう「フレッシュ

パック」製法にこだわる。つまり、サバを冷凍して保管しておくことをしないのだ。

だから、魚市場にいい金華さばが揚がったときにしか缶詰を作れない。

そういう日は年間でトータル20日程度しかないそうで、そこで一年の出荷分を作り上げるのだ。

身にうまみがあり、脂《あぶら》の乗りも抜群なのが金華さば。しかし魚というのは気まぐれで、近年は金華さばと言えるサバの水揚げが少なくなっているという。

今年は果たして、「金華さばみそ煮」缶が作れるのか。もし見かけたら、ぜひ買って、その味を堪能《たんのう》していただきたい。

それは同時に、木の屋の復興支援にもなるのであります。

金華さばみそ煮

希望小売価格
3980円（10缶セット、税・送料込）
製造・販売
木の屋石巻水産
購入
直販サイト　http://kinoya.co.jp/eccube/
問い合わせ
木の屋石巻水産　問い合わせフォーム
http://kinoya.co.jp/eccube/contact/index.php

缶詰博士のワンポイント
そのままでもウマいが、缶汁を切った身にゴマ油をかけ白髪ネギを乗せても美味。缶汁は熱湯で割ればサバスープに。

24

It's a Wonderful Canned Food

宝うに エゾバフンウニ

グルメを唸《うな》らせる蒸しウニ缶

［北海道］

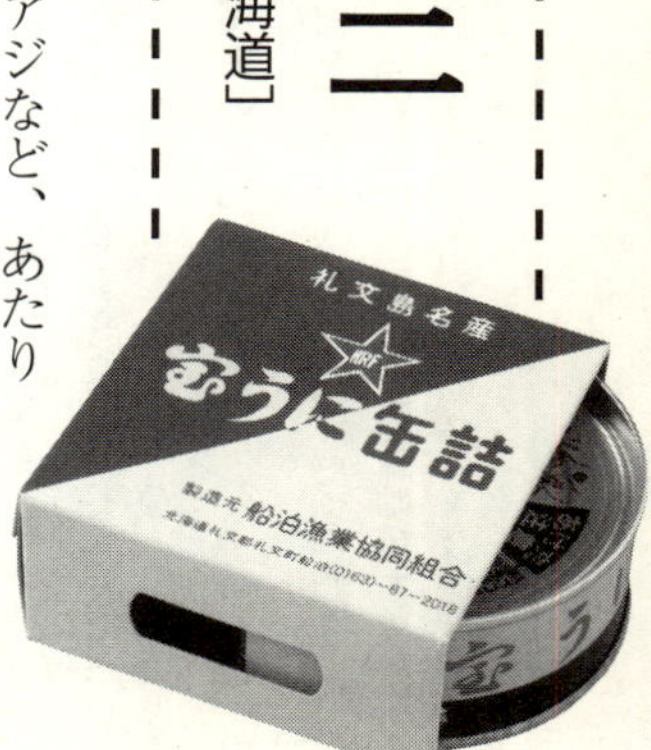

心を乱す時価

寿司屋で怖いのは「時価」というやつ。

いったいいくらするのか、聞いてみなけりゃわからない。

といって、値段を聞いてから、

「うむ。よしておこう」

断るのは、とても恥ずかしい。

ウニなどは、そんな時価になりがちだ。

ウニ食べたい。でも高かったら困る。

だから値段だけ知りたい。

イカやアジなど、あたりさわりのないものをつまみながら、心は千々《ちぢ》に乱れる。

あとに残された道は、

（誰かほかの客、値段聞いてくれないかな）

他人にすがるしかない。

いつか、誰かが、声も高らかに尋ねてくれるだろう。

「大将。ウニはいくらだい？」

そうなれば、ここにいる全員から拍手が湧《わ》

き起こることだろう。

ところが、考えることはみな同じだ。

待てど暮らせど、誰も値段を尋ねない。

（なんだよ、誰もいねえのか。まったく貧乏な客ばかりだ）

自分のことを棚に上げて、ぶつぶつ言い始める。

せっかくの寿司が台無しである。

大人の心を乱すもの、それが時価なのであります。

濃いオレンジ色がエゾバフンウニの特徴。生ウニとはまた別の、濃縮された美味しさだ

しかし、缶詰のウニなら心は乱れない。

最初から値段がわかっているのだ。

あまつさえ、入ってる量までわかっているのだ。

「ウニ、恐るるに足らず！」

心ゆくまで堪能《たんのう》できる。

そんなウニ缶の中でも、グルメ雑誌や新聞でたびたび絶賛されているのが、この「宝うに」という缶詰。

北海道の礼文島船泊《れぶんとうふなどまり》漁協が製造・販売しているもので、楽天などのネット通販も行っている。

コストパフォーマンス良好

宝うには2種類出ていて、エゾバフンウニを使ったものが2900円。キタムラサキウニを使ったほうは1900円だ。

いきなり値段から紹介するのも下品かと思うが、しかし一方では、

「そこが一番肝心でしょ！」

こう思われる方もいるはずだ。

ここではエゾバフンウニのほうを取り上げたい。

旬《しゅん》の一番いい時期に獲《と》ったエゾバフンウニは、利尻昆布《りしりこんぶ》をエサに食べて育ったため、味が濃厚だ。

それを生から蒸《む》し上げ、塩だけで味付けして、缶に詰めている。

内容量は100グラムだが、100グラムといえばコンビーフと同じ量だ。けっこうな量が入っていることになる。

値段に続いて量の話をするのも下品かと思うが、しかし、

「そこは大事でしょ！」

こう思われる方もいるはずだ。

「100グラムを寿司屋で食べたら、これは大変なことになるよな」

こう考えれば、ますます美味しくなること言《げん》を俟《ま》たない。

蒸してあることで、ウニの甘さが際立っている。

それでいて、磯《いそ》の香りが豊かなのは驚くべきことだ。

生で食べても最高の時期は、1年の間でもわずかな期間だという。

その生食用の最高級エゾバフンウニを、

「季節を問わず、気軽にご家庭で味わっていただきたい」

この思いで缶詰にしたのだと、同社W氏は

おっしゃる。

　味付けに使われる塩も、各地の塩を何十種類と取り寄せ、実際に試作して味見をしたという。

　その中で、もっともウニの美味しさを引き出した塩を選んだというから、その執念には頭が下がる。

　もともと美味しい食材を、素材の味に甘えることなく、さらに高みを目指して試行錯誤《しこうさくご》して缶詰にする。これが日本の缶詰業者の執念なのであります。

　そのまま食べても最高に美味しいが、夏なら枝豆と合わせても美味しい。

　茹《ゆ》でた枝豆をさやから出して小鉢に入れ、その上にウニを盛りつけるだけだ。ワサビを添えるとモアベターですぞ。

宝うに
エゾバフンウニ

希望小売価格
2900円（税込）

製造・販売
礼文島　船泊漁業協同組合

購入
直販サイト
http://www.funadomari.jp/SHOP/11-5.html

問い合わせ
礼文島　船泊漁業協同組合
0120-707-931

缶詰博士のワンポイント

濃厚なうまみに驚くこと必至。ウニパスタに使えば2人分はできる。

25

It's a Wonderful Canned Food

ごぼういわし煮付

料理屋テイスト満点缶

【茨城】

ネーミングの悩み

名は体《たい》を表すという。

缶詰の商品名も同じであります。

ネーミングに凝《こ》りすぎて、あまりにも中身とかけ離れたものとなれば、

「何が入ってんのか、わかりゃしねえ」

消費者の疑惑を呼び、購買意欲をそぐことになりかねない。

だから、料理名や素材を商品名とするのが一般的なのだが、そうなると今度は、他社商品との差別化が難しい。

たとえば、さば水煮。

この商品名で、現在おそらく30種類くらいは出回っているのではないか。

そうなると、パッケージの色を目立つようにするとか、商品名の脇に産地やこだわりポイントを書くなどして、他社商品との差別化を図るしかない。

中身がどんなものかわかって、しかも一目で印象に残るキャッチーな商品名。

横綱イワシに驚愕。この姿のまま切らずに入れたくて、このオーバル缶を選んだという

それがベストであります。

この難しい課題に、常に〝どストレート〟で臨む缶詰メーカーがある。それは茨城県にある「高木商店」であります。

中でも僕が気に入っているのは、「ごぼういわし煮付」という缶詰。

その名を聞けば、

「ふむ。ごぼうとイワシを煮付けたんだな」

とてもわかりやすい。

しかし、それが実際、どんな料理なのかを思い浮かべると、

「やっ。これは案外凝った料理だ」

驚かざるをえない。

ごぼうとイワシを煮付けるなぞ、今どきの家庭ではなかなかやらない料理だと思う。むしろ、ちょいと気の利《き》いた料理屋で出てきそうな、ひと手間もふた手間もかけたメニューに思える。

「高木商店」があるのは、神栖《かみす》市波崎《はさき》というところで、流域面積日本一を誇《ほこ》る利根《とね》川の河口にあたる。すぐ目の前は太平洋だ。

橋で利根川を渡れば千葉県銚子《ちょうし》市。イワシ、サバ、サンマなど青魚の水揚《あ》げで知られる銚子漁港がほど近いということで、その魚市場で買い付けた鮮魚を、車でさっと工場に運び入れ、すぐに加工することができる。

大手缶詰メーカーからの信頼も厚く、50年

近くにわたり受託製造を行う一方、2007年からオリジナルブランド［やまめ］シリーズを展開。この［ごぼういわし煮付］も、そのひとつなのであります。

横綱イワシ登場

［ごぼういわし煮付］は、開缶すると必ずどよめきが起こるから面白い。

丸々と太ったイワシが、ごろりと1尾、頭と尾を落とした状態で収まっているのだ。

使われているのは大羽《おおば》イワシと呼ばれる大型のマイワシ。旬《しゅん》と言われる夏場に水揚げされたその大羽イワシの魚格が立派で、

「よっ。平成の大横綱！」

思わず声を掛けてしまう人もいる。

その横綱に寄り添うようにして、これまた立派なごぼうが収まっている。

色艶《いろつや》もよく、透明感があって、いかにも、（土の匂いがしそうな……）

瑞々《みずみず》しいごぼうだ。

地元の農家と契約をし、缶詰を作る日に合わせて掘ってもらい、土のついたまま工場へ直送してもらっているという。

このイワシとごぼうを熟練の従業員が手作業で缶に詰めていく。

当然、数多くは作れないから、

「売り切れてしまうこともあって、ご迷惑をおかけしてます」

同社のT氏はおっしゃる。

木訥《ぼくとつ》として、それでいてユーモアのセンスもあり、そうした人柄がいつも表情に表れている。

T氏はそんな人であります。

味付けは、砂糖と醬油と生姜《しょうが》。とろみ付けにでん粉のみ。

イワシにはごぼうの野趣溢《あふ》れる匂いが移り、また、ごぼうにはイワシのうまみが染み込んでいる。

ごぼうがうっとりするほど柔らかい。

イワシをちょいと囓《かじ》っては、ごぼうをひと囓り。この繰り返しが止まらなくなる。

これを食べる季節は、やはり夏がよい。

イワシの旬であり、上等なごぼうの採れる最後の時期であり、さらにきりっと冷やした清酒が堪《たま》らない時期でもある。

中の料理が画期《かっき》的であれば、商品名もそのまま〝どストレート〟でよいという、屈託《くったく》のない朗《ほが》らかな缶詰なのだ。

ごぼういわし煮付

希望小売価格
320円（税込）

製造・販売
株式会社高木商店

購入
直販サイト
http://item.rakuten.co.jp/takagi-shouten/0072/

問い合わせ
直販サイト内　問い合わせフォーム

缶詰博士のワンポイント

缶内にぎりぎり収まっているイワシの大きさがすごい。梅肉を添えて食べるのもGood。

26

It's a Wonderful Canned Food

日本橋漬［東京］

お江戸の味・福神漬け缶

黎明期の缶詰

その昔。

明治から昭和初期にかけて、日本の缶界は百《ひゃっ》花《か》繚乱《りょうらん》の時代であった。

「缶詰にできぬものなし！」

と、あらゆる食品を缶詰にしていたのだ。

常温でも中身が腐らない。

ということは、船に乗せて遠くまで運べる。

ならば、輸出して外貨を稼ぐこともできるではないか。

ついでに日本の食文化を海外にも広めよう……。

そんなこんなで、多種多様な缶詰が作られていった。

その時代の缶詰のラベルを集めた本も、発売されている。

ページを繰《く》っていくと、今では考えられないようなものまで缶詰になっていたことがわかって、とても面白い。

その例を挙げると……。

スパゲッティー。

ローストビーフ。

ビフテキ。

かまぼこ。

すずめ焼き。

ロールキャベツ。

しゅうまい。

こんにゃく。

驚きの福神漬け缶は、実は大正時代からの伝統商品。缶詰だから美味しいという好例

福神漬け。

などなど。

　それぞれが、面白すぎる。

「ウソ！　中はどうなってたの？」

　興味は尽きないと思う。

　しかしページ数の関係で、ここで詳しく述べることはできない。

　これらはひとつを除いて、歴史の彼方《かなた》に消えてしまった。

　売れなかったもの、コストが掛かりすぎるものなどが淘汰《とうた》されていったわけだ。

　現在売られている缶詰には、こうした実験的な時代を経て、なお生き残った缶詰が含まれているということになる。

　その中で唯一残ったものこそ、福神漬けの缶詰であります。

　商品名は「日本橋漬」。発売したのは大正2年（1913年）のことだから、何と、これまで100年ものあいだ販売され続けてきたのだ。

もはや生《い》き字引《じびき》のような缶詰であります。

味が染みてる!

日本橋漬は、［国分］が［桐印《きりじるし》］というブランドで発売している。

大根・ナス・なた豆・しその葉・割り干し大根・しその実が入っていて、福神漬けの一種であることは間違いない。

［国分］は東京・日本橋に創業したので、商品名にもそれを反映させて、他社製品との差別化を図ったのだと思う。

ちなみに同社は現在も日本橋にあり、その住所は日本橋一の一の一というあっぱれなものであります。

［日本橋漬］は、発売当初は台湾を中心にアジア各国へ輸出されており、その輸出量は国内の販売量を上回っていたという。

「アジアの人々に日本の味を伝えたい。そういう思いが当時あったようです」

と、同社開発担当のM氏はおっしゃる。

やはり、冒頭に述べた通りであります。缶詰にすることで保存性を持たせ、コンテナに積んで輸出していたのだ。

輸出先の人々がどんな評価をしていたのか気になるが、少なくともその味は、我々自身で確かめることができる。

（缶詰の漬物なんて……）

美味しそうに思えないかもしれないが、そうではない。

実は、缶詰にしたことで、［日本橋漬］はより美味しくなったのだという。

なぜなら、中身を詰めて密封した後、缶詰は缶ごと加熱される。

その工程によって、タレが具の奥深くまで染み込んでいくのだ。

タレは醤油をベースにした特性のもので、下処理の段階でも、具を3日間漬け込む。

具は、加熱しても食感が残るように、切り方などが工夫されている。とくに大根に至っては、生のものと割り干し大根2種類を入れているという凝《こ》りようだ。

そうした工夫のおかげで、「日本橋漬」は心地よい歯応えが愉《たの》しめる。噛《か》んでいるとパリパリと快音が響くくらいだ。

これにはちみつを垂《た》らしてコクを加え、クリームチーズに乗せてやると、ウイスキーのいいアテになりますぞ。

日本橋漬

希望小売価格
450円（税別）

販売
国分株式会社

購入
国分アンテナショップ「ROJI日本橋」やインターネットサイトで購入可

缶詰博士のワンポイント

甘さの少ない、醤油の風味がきりっと立った江戸っ子好みの味付け。おにぎりの具にも合う。

27

It's a Wonderful Canned Food

いなご甘露煮［長野］

平気な人はまったく平気なイナゴ缶

イナゴは食べ物

最近、昆虫食が話題になっている。

様々な甲虫、アリ、幼虫などを食べてしまうという、少々不気味なものだ。

こういうのは、ついこのあいだまでゲテモノ喰《ぐ》いとしか見られていなかった。

それが、国連食糧農業機関（ＦＡＯ）が、

「将来の食糧問題に対する回答だ」と言い出したから、世界中で話題になってしまった。

「高脂肪、高たんぱく、ビタミン、食物繊《せん》維《い》、ミネラルに富んだ高栄養で、かつ健康的な食糧源」

なのだそうだ。

それは、理屈ではわかる。

わかるがしかし、気持ちでは、

「ムリ！」

こういう人がほとんどなのではないか。

僕だって、

「ムリ！」

言下にお断りである。

ところが、であります。

缶界には、昔から昆虫食があるのだ。

その専門知識と製造ノウハウを持っているのが、長野県諏訪市にある「原田商店」というところだ。

同社では、蜂《はち》の子《こ》やイナゴの甘露煮などを缶詰・瓶詰にして販売している。

「イナゴね。うん。それなら大丈夫」

こう思った方もいるのではないか。

あちらを向いたりこちらを見たり、イナゴちゃんが生前のお姿でぎっしり収まっている

芋虫だの甲虫だのと言われたらイヤだが、イナゴならいいのだ。

僕も幼い頃、祖母が手作りしたイナゴの佃煮《つくだに》をよく食べたものだ。

田んぼに行くと、イナゴが稲につかまり、小さな口を動かしながら夢中で葉を食べている。

これを捕まえるのは造作もない。

捕虫網さえあれば、大鍋一杯分くらいはすぐに捕れた。

これを祖母に渡すと、祖母はイナゴを網の袋に入れて、一日くらい放置しておく。

そのあいだにイナゴは糞《ふん》を出し、腹の中がきれいになるという寸法だ。

あとは羽と後脚を取り除き（食感が悪いため）、鍋で砂糖と醤油をたっぷり使って煮詰めていくだけ。

その一部始終を見ていたので、イナゴは最初から食べ物の一種として認識している。

水族館で魚を眺《なが》める人の多くが、

「あれ、食べられるよね」

そういう見方をするのと同じであります。

記憶を刺激する「泣ける味」

都会に住んでいると、イナゴを食べる機会はまず、ないと言っていい。

そこで、「原田商店」の「いなご甘露煮」缶を取り寄せ、食べてみたことがある。

その動機は、ただの興味本位だ。ほかに食べるものがいくらでもあるのに、

(どんな味だっけ)

思い出したいだけなのだ。

考えてみれば、贅沢《ぜいたく》なことではある。

フタを開けると……やっ。

飴色に煮染められたイナゴちゃんが、ぎっしりと入っている。

あるものは下を向き、あるものはこちらを向き、折り重なるようにして収まっている。

(じっくり見ないほうがいいかもしれぬ)

瞬間的に悟り、1匹を口に入れる。

しゃくしゃく、カリカリとした歯応えだ。

(そうだ！　こんな食感だったっけ)

居酒屋に行くと、川海老の唐揚げを出すところがあるが、あれがもっとカリカリになった感じだ。

味は甘辛い砂糖醤油味で、目をつぶって食べていたら海老の佃煮と思うかもしれない。

2匹、3匹と食べ進むうち、美味しくて止まらなくなる。

時々、濃いお茶を飲みながら、しゃくしゃくカリカリと食べ続ける。

（いっしょにイナゴ捕《と》りにいったあいつ。名前は何てったっけなァ）

しきりに幼時のことが思い出されてくる。

（秘密基地を作って遊んだっけ。魚肉ソーセージを焼いて食べたなァ）

なぜか、熱いものが胸にこみ上げてくる。端《はた》から見れば、イナゴを次々と口に入れる様は異様かもしれない。

本人も、味がいいとか、うまみがどうとか、そういうことで食べているわけではないのだ。

懐《なつ》かしくて、少し切なくて、それらが相俟《あいま》って「美味しい」と感じるのだ。

食べ物の味には、そういう理屈ではない部分がいくらでもある。

だから面白いのだ。

いなご甘露煮

希望小売価格
420円（45グラム缶、税込）

製造・販売
株式会社　原田商店

購入
直販サイト
http://www.tamatebako.ne.jp/harada/shouhin.htm#8

問い合わせ
直販サイト内　問い合わせフォーム

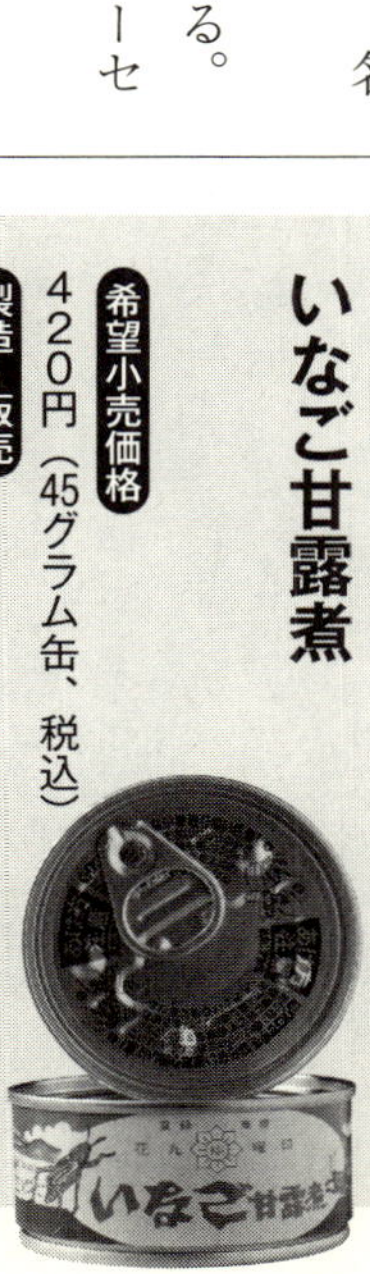

缶詰博士のワンポイント

お茶にも清酒にも合う甘辛味。嫌いな人にはムリにすすめず、ひとりで大事に味わおう。

28

It's a Wonderful Canned Food

サバタケ ［長野］

缶詰料理が缶詰になった!?

サバ缶必須のタケノコ汁

サバ缶はエライ。

そのままでも美味しいが、いろんな料理に使えるところがエライ。

それが各地の郷土料理にまでなっていると知れば、もはや、

「下にも置かぬ……」

缶詰であること、言《げん》を俟《ま》たない。

たとえば、八戸《はちのへ》地方のせんべい汁。

醤油仕立ての汁に、南部煎餅《なんぶせんべい》と鶏肉、ごぼうなどを煮た料理だが、地元の人たちは、具にひと工夫欲しいときに、

「よくサバ缶を使います」

サバの水煮缶を、その缶汁ごと、せんべい汁に入れて味わうのだ。

あるいは、山形のひっぱりうどん。

椀《わん》にめんつゆ、刻み葱《ねぎ》、納豆、削り節などを入れ、そこにサバの水煮をほぐし入れて、つけ汁にして食べるのだ。

各自、鍋から茹《ゆ》でたてのうどんを椀に引っ

ぱり入れ、熱いうちに食べる。

　ほかにも、素麺《そうめん》や蕎麦《そば》を食べるときに、つけ汁にサバ水煮をほぐし入れることもある。

　サバはサバ節にもなるくらい、うまみが濃厚なのだ。その缶詰を料理に活かすのは、ごく自然な知恵なのであります。

　そんなサバ缶料理の中で、長野県北信地方から新潟県上越地方にかけて食べられているのが、タケノコ汁。

浮きつ沈みつしているサバが大きくて嬉しい。特産品のネマガリタケもたっぷり！

　6月になると、地元の人たちは、

「いそいそと……」

　山へ入っていく。目当ては、この時期にしか採れないネマガリタケだ。

　収穫してわずか一日で固くなってしまうため、すぐに煮るなり焼くなりするのだが、これをサバの水煮缶と合わせ、味噌汁に仕立てたものがタケノコ汁だ。

　ネマガリタケの旬《しゅん》は短く、しかもその日のうちに食べるのが最上なのだから、地元以外ではなかなか口にする機会がない料理だ。

爽やかパッケージ

　知人に長野出身の男がいるのだが、彼がたびたび、

「タケノコ汁ほどウマいもんはない」

　豪語していた。

「いつか食べさせてあげるよ」

こうも言っていたので、その日をそれこそ、

（一日千秋《いちじつせんしゅう》の思いで）

待《ま》ち焦《こ》がれていたのだが……。

その機会はついぞ、やってこなかった。彼が引っ越してしまったのであります。

悄然《しょうぜん》として過ごす日々が続いた。

すると別の知人が、

「タケノコ汁なら缶詰になってます。今度、お渡ししますよ」

報告してきたのだ。

欣喜《きんき》として受け取ったのは、

[北信州山ノ内町の町民食　サバタケ]

という缶詰。

とにもかくにも、家に持ち帰り、中身を鍋に移して熱々に温めた。

サバの大きな切り身とネマガリタケが、味噌汁の中にたっぷり入っている感じだ。ネマガリタケは茎《くき》が輪切り、穂先は長いままだ。椀《わん》に盛ると、サバと味噌が熱せられた堪《たま》らなくいい匂いが立ち昇る。

ネマガリタケは、根に近いほうはこりこりとした歯触りがある。穂先のほうは少し柔らかく、噛《か》んでいるとタケノコに似た風味が出てくる。

そしてサバ。

腹身に背身、血合い、骨がみな入っているのだが、煮締まることもなく、味が抜けていない。

汁物にサバと聞くと、

（何だか生臭さそうな……）

心配をする人も多いが、そうではない。

むしろ、サバのうまみが出汁《だし》となって汁に溶け込み、味が重層的になる。

具はサバとネマガリタケのみ。これを味噌と塩で仕立てている。

このサバタケ缶は、２０１１年に初めて商品化された。初回製造分１６００缶はすぐに売り切れてしまい、翌年には倍の３２００缶を製造したが、これも売り切ったという。

そもそも、缶詰料理を缶詰で商品化するという斬新《ざんしん》さがいい。

パッケージデザインも秀逸だ。

白地に若草色を配し、中央にはネマガリタケをカゴで背負った翁《おきな》が、サバを胸に抱くようにした図が描かれている。

全体に版画調なのが味わい深く、それでいて配色の爽《さわ》やかさがモダンであります。

サバタケ

希望小売価格 980円（税込）

販売 山ノ内町総合開発公社

購入 道の駅　北信州やまのうち

問い合わせ 道の駅　北信州やまのうち
TEL 0269-31-1008

缶詰博士のワンポイント
デザインも素晴らしいのでお土産には最適。たっぷり2人分が入っている。

29

It's a Wonderful Canned Food

清水もつカレー［静岡］

ノスタルジックなもつカレー缶

ダジャレ缶は面白い

缶詰業界では、まれに「ダジャレ缶」なるものが登場する。

どういうものかというと、パッケージの一部にダジャレが書いてあるのだ。

本当のことである。

このダジャレは、よく見ないとわからないほど、さりげなく書かれている。

だから、見つけたときの喜びは大きい。

たとえば、新潟は加茂《かも》市の「かも汁」缶。

パッケージには、

「鴨《かも》ん加茂　Ｅｖｅｒｙｂｏｄｙ」

小さく書かれている。

Ｃｏｍｅ　ｏｎという英語と、鳥の鴨と、地名の加茂。

３つを合わせた高等ダジャレである。

そして、もう一例。

本書１２６ページでも紹介している「高木商店」は「いわし梅酢煮」という缶詰を出している。

愛らしい梅色のラベルに商品名が書かれているが、その横に小さく、マンガの吹き出しのようにして、

「このいわし　うめえっ酢！」

こう書いてある。

梅酢だから、うめえっす。

いかがであろう。誰が聞いても納得できる出来映えだと思う。

これらのダジャレには〝迷い〟というものが一切ない。

それが何より、肝要である。

ダジャレは迷ってはならぬ。そして、

もつカレー自体が珍しいのに、イカスミ・バージョンまで展開しているのがエラい

臆《おく》せず堂々と表明せねばならぬ。

さっ、そこでだ。

大手「はごろもフーズ」が出している、

「清水もつカレー」

というダジャレ缶がある。

（やっ。このダジャレは何となくわかるぞ）

予想がついた方もいらっしゃるだろう。

（アレでしょ、アレ）

そう、そのアレであります。

パッケージに書いてあるのは、

「もつカレさまです！」

このダジャレなのだ。

傍点も「！」マークも、筆者がつけたわけではない。

パッケージの文言そのままを、忠実に転載したのだ。

日本を代表する大手缶詰メーカー、「はごろもフーズ」の渾身《こんしん》のダジャレであります。
さすがに大手メーカーは違う。
ダジャレとはいえ「おつかれさま」というねぎらいの言葉を選んでいる。
これはきっと、同社のＣＳＲ（企業の社会的責任）に照らし合わせたに違いない。
日々、一所懸命に働く我々を、（ウチのダジャレで少しでも癒《いや》したい）
思いやってくれたに違いない。

酎ハイに合うカレー？


清水もつカレーは、静岡市清水区あたりの居酒屋メニューとして有名だ。

「昭和25年。カレーの調理法と名古屋の土手煮をヒントにして、串刺しのもつカレーが誕生した」

こんな説明が、缶詰のパッケージにも書いてある。

カレーとはいえ、ご飯と合わせるものではないようだ。

串刺しになったモツを、カレー味で煮込んだもの。そう考えれば、（なんだか酎ハイに合いそうな……）

気がしてくる。

このもつカレー缶は、現在バリエーションが2種類展開されている。

ひとつはスタンダードなカレー味。もうひとつはイカスミ味だ。

まず、スタンダードを味わってみよう。

ルーはこってりしていて、いかにも酒に合いそうなピリ辛味。

しかしそれだけではない。すごく懐《なつ》かしい味がしている。

これは、あれだ。ウスターソースの味だ。

ライスカレーにウスターソースをかけて食べたときの、あの味が最初から混ざって再現されているのだ。

そのノスタルジックな味が、モツにしっかり染み込んでいる。モツ自体は臭《くさ》みがなく、柔らかく嚙《か》み切れるのが秀逸《しゅういつ》であります。

一方のイカスミ味には、まったく違った味わいがあって面白い。

カレーにイカスミの濃厚なコクが加わり、さらにトマトのグルタミン酸のうまみがたっぷりと加わっているのだ。これは白ワインでもいけるかもしれない。

ダジャレも中身もハイレベルなのだ。

清水もつカレー（カレー味&イカスミ味）

参考価格 420円（税込）

製造 はごろもフーズ株式会社

購入 インターネットサイトで購入可

缶詰博士のワンポイント

本来はおつまみメニューだが、これでライスカレーを作っても悪くない。

30

It's a Wonderful Canned Food

入れ炊く 国産桜えび

旬《しゅん》を味わう炊き込みご飯の素

【静岡】

春の訪れ

桜のつぼみがほころびる頃……。

静岡の由比《ゆい》では、桜えび漁が解禁となる。まさに桜色をしたこの小さなエビは、駿河《するが》湾のほか東京湾や相模灘《さがみなだ》にも生息している。だが、漁業許可が出ているのは静岡県だけだ。

何となれば、国内で水揚げされる桜えびはすべて駿河湾産となる。

漁期は年に2回あって、春だけでなく秋にも獲《と》れるのだが、その名前からして、

「春の訪れを告げるもの」

このイメージが強い。

旬の時期に由比を訪れると、街道沿いの店などでは、生や釜揚げ、かき揚げなどをメニユーに掲げ、食べさせてくれる。

殻ごと、頭も内臓も食べられるこの小さなエビは、とくに生や釜揚げで食べるとその甘さがわかる。

熱い飯にたっぷりと乗せ、すり下ろした

生姜《しょうが》をまぶし、醤油をすっとかけ回して、

「さくさくと……」

かっこんでいく醍醐味《だいごみ》。

あるいは、素干しになったものをフライパンでさっと炒《い》りつけ、これをお好み焼きの具に入れたり、焼きそばに混ぜ込むのも堪《たま》らなくウマい。

できれば、ずっと台所に常備しておきたい食材なのだ。

この、うまみも栄養も豊かな桜えびが、何と缶詰になっている。

それも、炊き込みご飯の具材として使われているから面白いではないか。

醤油色の濃い汁だが、炊き上がるとあっさりとした味になる。おにぎりにしても美味

「国分」で、2012年から展開を始めたのがK&K「入れ炊く」というシリーズ。

「米といっしょに入れて炊くだけ」

この省略だから入れ炊く。

実にわかりやすいネーミングであります。

当初から生姜ご飯やほたてご飯、栗ご飯など10種を展開していたが、2013年から新たに加わったのが「国産桜えび」だ。

3月から5月までの期間限定販売である。

原材料は、桜えびのほかタケノコが入り、それを宗田《そうだ》ガツオ・イワシ・昆布で取った出《だ》汁《し》で仕上げてある。

パッケージデザインも愛らしい。

全体が淡い桜色で塗《ぬ》られ、そこに水彩画風

の桜えびとタケノコが描かれているのだ。

女性でなくとも、思わず、

「パケ買いをしたくなるような……」

缶詰なのであります。

炊き込みご飯のプロ

缶詰を開けると、醤油色に染まった汁の中に、桜えびが浮きつ沈みつしている。

米を洗い、通常の水加減で水を加え、そこに缶の中身をすべて投入。

あとは火を付けるだけだ。

やがて吹き上がってきた湯気《ゆげ》には、たしかに素干しの桜えびの匂いが含まれている。

あの、春の駿河湾を連想させる匂いであります。

充分に蒸《む》らしたあとで、茶碗によそってみると、意外にもご飯にほとんど色がついていない。缶汁の色が濃かったから、もっと染まっているのかと思っていた。

箸《はし》ですくって頬張ると、口いっぱいに春が広がった。

桜えびは香ばしく、しゃくしゃくとして歯応えも良好。

味付けは塩分が少なめで、どちらかと言えばあっさりとしている。

出汁《だし》のうまみで食べさせる感じだ。

「これは美味しいわね」

家人がのたまう。

「あとは香の物と、味噌汁でもあれば充分ではないか」

僕も応える。

僕はもともと、いろんな缶詰で炊き込みご

飯を作ってきた。

それはツナ缶だったり、サンマ蒲焼き缶だったり、イカ味付け缶だったりした。

中でも、ツナ缶を油ごと米に混ぜ込み、醤油をたっぷりと垂《た》らして炊いたツナご飯にはお世話になった。

貧乏な学生時代には、それこそ毎日のように食べたものだ。

したがって僕は、缶詰炊き込みご飯には一家言も二家言も持っている。

基本的には手抜き料理なのだが、それは言わないようにして、ウンチクだけを言うようにしている。

そこにいくと、この桜えびの炊き込みご飯は、いろいろ言い訳をしなくてもいい。

堂々と夕飯に出せる美味しさだ。

入れ炊く 国産桜えび

希望小売価格
740円（税別）

販売
国分株式会社

購入
国分アンテナショップ「ROJI日本橋」やインターネットサイトで購入可

缶詰博士のワンポイント

桜えびと一緒に入っているのはタケノコ。食感の違った組み合わせがとてもいい。

31

It's a Wonderful Canned Food

貝《かい》付《つき》流《ながれ》子《こ》

［徳島］

殻ごと入ったトコブシ缶

カランカランと音がする

食べ物は見た目が大事だ。

いかにも食欲をそそる色、形だと、食べる前からすでに、

（こりゃあ、ウマそうな……）

期待が高まってくる。

そうなればもう、食べたときの味だって、ひと味もふた味も変わってくる。

同じものを食べるのにも、気持ちが違えば味が変わるという不思議。

人間は想像力で生きているのだと、つくづく思い知らされる瞬間であります。

といって、手の込んだ、美しい料理が最上かというと、そういうものでもない。

材料をそのまま、焼いたり煮たりしたようなものだって食欲を刺激する。

たとえば、鶏を丸ごと焼いたやつ。

魚を丸ごと蒸したやつ。

サザエを殻ごと焼いたやつ。

「丸ごと」とか、「殻ごと」とか、そういう野趣溢《やしゅあふ》れる料理もまた、格別なご馳走《ちそう》だ。

そんな料理が缶詰になっていたとしたら、どうだろう。

実は、あるのです。

徳島名物「貝付流子」という缶詰がそれ。トコブシという貝を、なんと殻付きのまま味付けし、缶に詰めちゃってるのであります。

缶を振れば、当然カランカランと音がする。

カランカランの正体がこの貝殻。身をはがしながら食べる醍醐味は、他では味わえない

こんな缶詰は世界でも珍しい。

面白くて、ついつい缶を振りたくなってしまうが、中のトコブシが傷《いた》んでしまうので、やめておくのがよかろう。

トコブシは、アワビを小さくしたような形をしている。

しかしその味は、

「アワビと変わらぬほどだ」

と、評価が高い。

このトコブシを、徳島では流子《ながれこ》と呼ぶ。

岩の表面を移動する様がまるで、

「流れるように」

這《は》っていくから、その呼び名が付いたのだそうな。

酒宴にトコブシ

トコブシは、北海道南部から九州以北にかけて、海の岩場に生息している。

これを獲《と》って、焚《た》き火で焼き、それをつまみに酒を飲むという情景が、昔読んだ本に書かれていた。

彼らは、

「アワビよりもウマいぞ！」

興奮しながら酒を飲み続ける。

（いったい、どんな味がするんだろう）

トコブシを食べたことがなかった僕は、その本を読むたび、

（ああもあろう。こうもあろう）

想像していた。そして、いつかきっと、浜辺でトコブシ酒宴をやろうと思っていた。

しかし後年になってわかったのは、トコブシは資源として保護されているということだった。僕のような素人が勝手に獲ってはいけないらしい。


トコブシ酒宴、夢と消える。

それから長いあいだ、トコブシのことは忘れていた。［貝付流子］の缶詰を知ったときに、思い出したのであります。

（ついに、あのトコブシが食べられるのか）

缶詰を前にして感慨は尽きなかった。

トコブシ酒宴を夢見たのは高校生の頃だ。当時のことがしきりに思い出され、一人でにやにやしたり、冷や汗をかいたりする。

ま、それはいいとして……。

この缶詰は、どうして殻付きのまま作ることになったのだろうか。

やはり、

「殻ごとのほうが豪快でいいでしょ！」

もしそうなら、これは面白いことだ。

本来、缶詰は可食部分だけが入っているの

がウリだ。生ゴミが出ないから便利なのだ。

そのセールスポイントを無視した独創性は素晴らしいと思う。

しかし、調べてみると、そういうことではないらしい。

そもそもトコブシはサイズが小さい。だから産地の家庭などでは、殻ごと煮てしまい、身をはずしながら食べるのだそうだ。

［貝付流子］の缶詰には、そんな食文化も一緒に詰まっているわけだ。

殻から身をはずすと、トコブシはしっとり柔らかい。砂糖と醤油の素朴な味付けが好ましい。

この缶詰を野外に持ち出し、缶ビールを飲みながら友人と食べて、長年の夢だったトコブシ酒宴を実現したのであった。

貝付流子

参考価格 1785円（税込）

製造 有限会社　角田商店

販売 徳島県物産センターなど

購入 徳島県物産センターネットショップ等
http://www.tokushima-shop.jp/?pid=5462055

問い合わせ 徳島県物産センターネットショップ問い合わせフォーム

缶詰博士のワンポイント

少し甘めの味付け。ワタの部分は磯の風味がふんだんに味わえるゾ。

32

It's a Wonderful Canned Food

さざえ味付［大分］

歴史も真心も詰まったサザエ缶

できたてサザエ缶

大分県には日本一が多い。

干《ほ》し椎茸《しいたけ》の生産量が、日本一。

鶏肉の消費量が、日本一。

温泉の源泉の数が、日本一。

サフランの生産量も、日本一。

乙類焼酎で日本一売れているという「いいちこ」の本社・工場も大分にあるのだ（三和酒類）。

これらは、最近になって知ったことだ。

大分とのご縁ができて、同地に赴《おもむ》くことが何度かあり、そこで多くの方に話を伺《うかが》ったのだった。
大分の人は一見、素朴で穏《おだ》やか。しかし、内には牢固《ろうこ》たる信念を持っているという、そんな印象がある。
そんな大分で作られている「さざえ味付」缶詰もまた、一見しただけでは窺《うかが》い知れぬ魅力を持っているのであります。
高級食材・サザエを缶詰にしている点がそ

もそも、

「そんな贅沢《ぜいたく》な缶詰があるのか……」

驚くべきことだ。

しかし、僕が忘れられないのは、以下のエピソードであります。

数年前に、週刊誌の缶詰特集で、この「さざえ味付」缶を取り上げたことがあった。

実際に食べて紹介するという企画だったので、現物を取り寄せねばならない。

大粒サザエがごろごろ入って豪華かつ豪快。贈り物にしたら尊敬されること間違いなし

そこで週刊誌の担当編集者が、製造メーカーの「太田罐詰工場」さんに、

「東京まで送ってください」

お願いしたわけだ。

すると、

「ちょうど在庫が切れてしまい、送ることができない」

という返事が来た。

それでも編集者が、

「ひと缶だけでもいいので送ってください」

粘《ねば》ったところ、こんな答えが返ってきた。

「わかりました。それじゃあ明日サザエを獲《と》ってきて缶詰を作りますから……」

いかがであろう。

ものがないから、作る。

それも、サザエを獲ってくるところから、話が始まっている。

まるで、生鮮食品を扱うような話ではない

か。

こうなると、

「缶詰って、いったい何だ？」

不思議に思えてくるではないか。

缶汁もウマい

缶詰と言えば、保存食品。

それは間違いないのだが、極上の缶詰を作るには、鮮度抜群の原料を手に入れることがなによりも肝要であります。

その原料を、新鮮なうちに加工し、缶に詰め、缶ごと加熱殺菌すれば、缶詰はできあがる。

と、なれば……。

「材料がないから獲ってきて作る」という、[太田罐詰工場]さんの言葉は不思議でも何でもないのだ。

材料さえあれば缶詰は作れるのだ。

とはいえ、すぐに対応して仕事をしてくれるという、その姿勢には頭が下がる。

滅私。至誠。

そんな言葉が思い浮かぶ。

大手メーカーでは絶対にできぬことであります。

[さざえ味付]缶は、豊後《ぶんご》水道周辺で獲れる極上のサザエを使っている。

サザエは、獲ったその日のうちにまず、ボイルされる。

それを、熟練の従業員が、ひとつひとつ手作業で殻《から》から身をはずし、内臓を取り除く。

内臓を取り除くことによって、雑味のない味に仕上がるのだそうだ。

これを特製のタレで味付けし、缶詰に仕上げている。

この味付けは、明治23年の創業以来、100年以上も守り抜いてきた秘伝の味だ。

缶を開けると、大粒のサザエがごろごろと入っている。

ひと粒取り出し、口に放り込めば、醤油をベースにした甘辛い味がまず、味わえる。

奥歯で噛《か》めば弾力があり、噛めば噛むほど、コハク酸のうまみが湧《わ》き出してくる。

身が大きいから、うすくそぎ切りにして味わってもいい。

残った缶汁がまた、ウマい。

秘伝のタレにサザエのうまみが溶け込んでいるから、これで炊き込みご飯を作ったら、もう堪《こた》えられない。

さざえ味付

希望小売価格 4200円（税込）

製造・販売 太田罐詰工場株式会社

購入 直販サイト
http://www.oota-kanzume.jp/syoukai.html

問い合わせ 太田罐詰工場株式会社
TEL 097-575-0001

缶詰博士のワンポイント

醤油の風味を立たせた甘さ控えめの味付け。一粒を頬張ると口がいっぱいになるほどの大きさだ。

33

It's a Wonderful Canned Food

伊達の牛たん大和煮［宮城］

とにかく分厚い牛タン缶

タンばかり食べる街

仙台名物は数あれど……。

牛タン焼きは、その代表と言ってもいい。

僕は仙台に長いあいだ住んでいたので、牛タン焼きは珍しいものではなかった。

しかしよく考えてみると、牛タンに特化した料理というのは、全国的に見ても珍しいのではないか。

普通は、焼き肉屋で出てくるタン塩か、あるいは洋食屋のタンシチューぐらいではないだろうか。

それが、仙台では牛タンばかりを焼いて食べさせる店がいくつもあるのだ。

これは尋常ではない。

牛だって困る。

全身を食べてくれればいいのに、タンばかりくれと言われるのだ。

僕が牛だったら、そんな街には絶対に住みたくないと思う。

しかし、牛タン焼きは美味しい。

タン塩よりも厚く切られていて、それでいて柔らかく嚙《か》み切れる。

塩味、味噌味、タレ味などがあるが、どれも最初から味が付いている。タン塩のようにレモン汁につけたりせず、そのまま食べられるわけだ。

店員が焼いてくれるのもいい。

絶妙の焼き具合になったところで、さっと、目の前に出してくれる。

希少部位の牛タンがぎゅうぎゅうに入っている。ぜひ牛タン料理に活用したい缶詰

別に、自分で焼くのが面倒だというわけではない。

しかし焼きのプロがいるのなら、その人に任せて、自分は呑《の》んだり話したりしているほうがいい。僕はそういうタイプなのだ。

だから、焼き肉屋などに行くと、大いに困ることになる。

せっかくの焼き肉だから、絶妙の焼き具合で食べたい。しかし安心して任せられるプロはいない。

そうなると、手はトングを摑《つか》んだまま、目は肉に釘付《くぎづ》けのままとなってしまう。

ところが……。

「わいわい呑みながらやろう！」

大勢で集まるのが常だから、いつまでもトングを摑んでいるわけにもいかぬ。

互いにビールを注ぎ合い、わははと笑っているうちに、ふと気がつくと大事な肉が焦《こ》げていたりする。

あるいは、丹精《たんせい》込めて焼き上げた肉を、目の前の友人にさらわれたりする。

最後には気疲れし、面倒にもなり、

「酒、酒。じゃんじゃん持ってきて！」

ただの呑み会になってしまうのが常だ。

料理に最高

缶界にも牛タンを使った缶詰が存在する。

中でも「伊達の牛たん大和煮」は、主に宮城県内だけで売られているご当地缶詰だ。

東日本大震災後に商品化されたもので、

「宮城県の復興に役立てば嬉しい」

この思いで商品化されたと、販売店の説明にあった。

大和煮であるから、牛タン焼きではない。

フタを開けると、醤油色の缶汁に、ひと口サイズにカットされた牛タンがぎゅうぎゅうに入っている。

その切り方が分厚い。

いちばん厚いのは1センチ以上もある。

濃い醤油色に煮染められているが、よく見るとサシの入っているのがわかる。

その食感は、軽く嚙むだけで、ほろほろと繊維《せんい》状にほぐれていく感じだ。

甘辛い砂糖醤油味が中まで染み込んでいて、食べ進むうちに喉《のど》が渇《かわ》いてくる。

生ビールが無性に欲しくなる。

そのまま食べるなら、長ネギを細かく刻《きざ》んだものを、たっぷりとかけるのがよい。

ネギの鮮烈な風味が、昔ながらの大和煮味に新鮮なフレーバーを与えてくれる。

また、料理に使うと俄然、違った魅力が出

てくる。

何しろ、分厚い牛タンを柔らかく煮てあるのだ。いわば、下拵《したごしら》えが終わった牛タンと同じであります。

鍋にバターとローズマリーを熱し、香りが立ったところで火を弱め、この牛たん大和煮缶を缶汁ごと加えてやる。

そこに赤ワインを入れて、アルコールが飛ぶまで煮詰めれば、牛タン赤ワイン煮となる。

大和煮の味がコクとなって仕上がるのだ。

また、市販のデミグラスソースで煮込めば、簡単タンシチューもできてしまう。

いちばん簡単なのは、ラーメンに加えること。いつものインスタントラーメンが、ぐっと豪華になりますぞ。

伊達の牛たん大和煮

希望小売価格 680円（税込）

購入 インターネットサイトで購入可

缶詰博士のワンポイント

宮城県内のお土産店で売られているご当地缶。僕は松島のお土産店で購入した。タンシチューにも使えるのだ。

34

It's a Wonderful Canned Food

ミニとろイワシ［千葉］

収（漁）穫年を語れるイワシ缶

収（漁）穫年をチェックせよ

魚缶詰はワインと同じだ。

これを、僕は声を大にして言いたい。

魚缶詰はワインと同じだ。

大事なことなので二度、言っておきたい。

何がワインと同じなのか。

それは、原料の産地と収（漁）穫年のことを、語って愉《たの》しむことができるからだ。

まず産地。

たとえばサバでも、それが三陸《さんりく》沖のサバか銚子《ちょうし》沖のサバか、あるいは紀州沖かノルウェー産かと、産地によって特徴がある。これが味にも出るわけで、それだけでもひと晩中、語って盛り上がれる。

さらに、その魚がいつ獲《と》れたものなのか、そこまで踏み込めばもう、ふた晩連続でも語って愉しめる。

実例でご紹介すると……。

２００９年の冬に、茨城の［高木商店］Ｔ氏から連絡が来たことがあった。

「銚子港に揚《あ》がったサバが、ここ数年で最高品質です」

　あまりにも素晴らしいサバが手に入ったので、そのサバ専用の缶詰を急遽《きゅうきょ》、作ってしまったというのだ。

「いいサバだから、小さく切るのがもったいなくて」

　大きな切り身にして、パイナップルなどで使う大きな缶に詰め、味付けは塩だけにした。そして数量限定で発売したのであります。

缶汁にもDHAやEPAが溶け込んでいる。熱々の湯で割り、葱を散らしてイワシ汁に

　最近では、宮城の「木の屋石巻水産」が2013年夏に作ったイワシ缶。

　これまで見たこともないようないいイワシが手に入ったと、同社S氏は言う。

「通常イワシは銀色ですが、今年のイワシは青緑色に輝いています。それくらい鮮度抜群で、脂《あぶら》が乗ってます」

　これを上品な砂糖醤油味で仕上げたのが、「木の屋いわし醤油味付け」であります。

　食べてみると、腹身は脂が乗ってとろりとし、それでいて背身は締まって味が濃いという、まさに最高のイワシだった。

　こうした〝当たり年〟の魚の缶詰を、さらに1年、2年と保存しておけば、中身はゆっくりと缶熟し、それこそ、

「とろりと絶品の……」

缶詰へと変化する。だから、

「2009年度産の銚子のサバ缶とは、ビンテージものだね」

「やっ。今年の石巻港水揚げイワシなら当り年だ」

こういう愉しみ方ができる。

それはまさに、ワインと同じ愉しみ方なのであります。

ちなみに、製造年は缶詰を見ればわかる。

日本の缶詰はほぼ、賞味期間が3年。フタに賞味期限が書かれているので、そこから3年を遡《さかのぼ》れば、それが製造した年ということになる。

開ける瞬間まで新鮮

そこで、ちょうど缶熟した頃合いの缶詰をご紹介申し上げたい。


それは、[千葉産直サービス]が提供する[ミニとろイワシ]であります。

製造が2012年、賞味期限が2015年というロットのミニとろイワシ缶は、

「過去12年のあいだで最高のイワシです」

同社の専務取締役・富田氏は語っている。

2012年に銚子港に揚がったイワシは、脂の乗りが「ハンパではない」というのだ。

これを生原料のまま加工して、醤油と砂糖だけで仕上げてある。

脂の乗りは、皮と身のあいだの脂肪を見ればわかる。白っぽく見える層が分厚いのだ。

この脂肪はDHA・EPAの宝庫だから、脂だからといって敬遠してはもったいない。

DHAは記憶や学習に効果的と言われているし、EPAは高血圧の原因とも言われる中

性脂肪を減らす効果があるそうだ。

こうした身体にいい脂が、このイワシ缶にたっぷりと入っている。

それが、1年、2年と経つにつれ、身と脂と缶汁が馴染《なじ》んでいき、缶の中は渾然一体《こんぜんいったい》となった状態に熟成される。

また、それだけ年数が経っても、開ける瞬間まで、缶の中は外気に触れることがない。

つまり、この脂は、食べるときまで酸化しないまま保たれるのであります。

こうした当たり年の青魚の缶詰を、密《ひそ》かに買い集め、棚に入れて熟成を待つ。

それをときどき眺《なが》めては、

「ふふふ……」

ひとり微笑《ほほえ》む。

至福の時間であります。

ミニとろイワシ

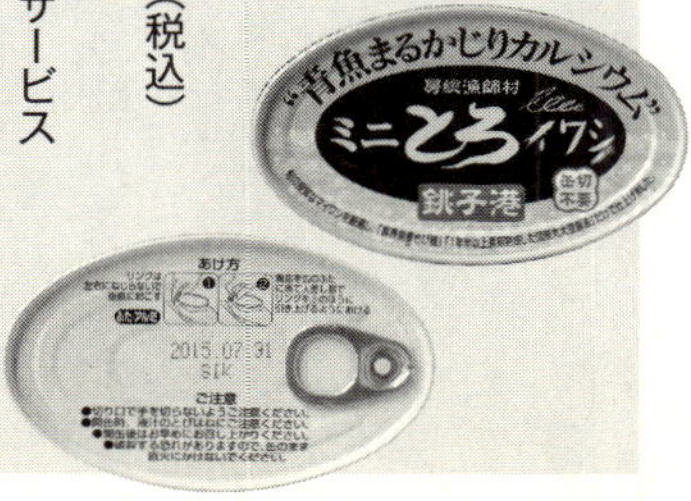

希望小売価格 315円（税込）
製造 信田缶詰株式会社
販売 株式会社千葉産直サービス
購入 インターネットサイトで購入可　千葉産直サービス
問い合わせ 問い合わせフォーム
http://www.e-tabemono.net/contact.html

缶詰博士のワンポイント

喜界島の粗糖と醤油の味付けはふわっと優しく、濃すぎないのがいい。

35

It's a Wonderful Canned Food

ハッシュドビーフ［兵庫］

港町・神戸ならではの衝撃缶詰

衝撃の美味しさ

ひと口食べるなり、
「ウマいっ」
思わず声の出る缶詰が存在する。
本当のことであります。
多くの人は、いまだに、
(しょせん、缶詰。大したことない、ない)
高《たか》を括《くく》っている。
そういう人ほど、美味しい缶詰を食べたときに、思い込みと実際の味の落差に驚く。

(か……缶詰で、こんなにウマいものがあったのか)
まさに衝撃が走るのだ。
この「ハッシュドビーフ」缶も、そんな衝撃缶詰のひとつであります。
開缶してから鍋に移し、弱火に掛けると、やがて中身はふつふつと煮立ってくる。
このときに立ち昇ってくる匂いに、
(これは大変だ)
気づき、慌《あわ》てる。

バターの濃厚さ。
トマトソースの酸味。
香味野菜の清涼感。
これらが溶け合った匂いは、とても缶詰とは思えないレベルだ。
そのことに驚き、テキトーに食べるわけにはいかなくなる。
（容易ならざる事態だ）
うろたえるあまり、台所の中で行ったり来たりする。
　そのあいだに鍋は熱くたぎり、今や家中にハッシュドビーフの匂いが充満している。

「缶詰なんて」と高を括っている人に絶対食べさせたい、驚くべき美味缶詰だ

（ど、どうしよう）
とりあえず、中身を焦《こ》がさぬようヘラでかき混ぜ、火を止める。
返す刀で戸棚を開け、きちんとした皿を選び出す。
きちんとしたスプーンも出す。
きちんとテーブルを片づける。
何もかも、
（きちんとせねばならぬ）
焦燥《しょうそう》にも似た気持ちが湧《わ》き上がって、どうにもならない。
ここで、重大な失念に気づく。
ご飯にかけてハヤシライスにするつもりだったのに、肝心のご飯がなかったのだ。
（おのれ白飯、火急の折に許すべからず）

ワケのわからぬことを口走り、上着と財布をひっつかんで、玄関を飛び出していく。近所のコンビニにライスを買いに行くのであります。

港町・神戸の味

人は、味についてあれこれ語りたがる。

「ふむ。赤ワインを利《き》かせたのだな」

「火の通し方がいいね」

あれこれ語るということは、語れるだけの精神的余裕があるからだ。

ところが、本当に美味しいものは、あれこれ言うヒマなぞ与えない。

短く「ウマい」のひと言。それだけ。

この「ハッシュドビーフ」缶を作っているのは、神戸に本社・工場を構える「エム・シーシー食品」というところだ。

東京オリンピックで選手村にいちごジャムを納めたり、開業当初の新幹線の食堂車にカレー缶詰を納めたりと、日本の洋食界をリードしてきた会社であります。

港町・神戸という土地に創業したことが、同社の製品作りに大きな影響を与えているように思う。

外国の食文化に肌で触れ、発展してきた町だからだ。

このハッシュドビーフの衝撃のウマさも、それを思えば頷《うなず》ける。

薄切りの牛肉とマッシュルーム、玉ねぎが入ったスープはさらりとしている。

しかし、その味は奥が深い。

まず、トマトの酸味と玉ねぎの甘さがあっ

て、その渾然一体《こんぜんいったい》となった甘酸っぱさに頬が緩《ゆる》む。

それを飲み込んだあとで舌に残るのが、様々なうまみを内包したデミグラスソースの味だ。

じっくり火を通した小麦粉の風味などが感じられて、材料それぞれに入念な下拵《したごしら》えがなされているらしい。

玉ねぎは口に含めばとろけるが、形がしっかり残っているのが見事。マッシュルームは大きく、噛《か》むと豊かな香りがある。

これらすべてが、いかにも、

「港町・神戸らしい味だ……」

こう思えてならないわけだ。

もっとも、僕は神戸に行ったことはないのだけれど。

ハッシュドビーフ

参考価格 400円（税込）前後

製造 エム・シーシー食品株式会社

購入 直販サイト　http://www.mcc-tuhan.jp

問い合わせ 直販サイト内　問い合わせフォーム

缶詰博士のワンポイント

楽天などのインターネットサイトでも購入可。缶詰の実力をあらためて思い知らされる素晴らしい味。

36

It's a Wonderful Canned Food

こだわりせんべい汁［青森］

缶詰とレトルトのコラボレーション

サバ缶入れて美味しさUP

八戸《はちのへ》のせんべい汁、あれは美味しい。

醤油仕立ての汁で鶏肉、人参、ごぼうなどを煮るという素朴なものだが、そこに南部煎餅を割り入れるという工夫がいい。

この煎餅は米ではなく、小麦粉で作られている。

だから、汁に入れてしばらくすると、柔らかくふやけて倍くらいに膨張する。これが腹持ちがよく、ほかにご飯など食べる必要がないのであります。

その昔はまさに、

「知る人ぞ知る……」

青森の郷土料理だったのが、ここ数年のご当地グルメブームで、たびたびメディアで取り上げられるようになった。

今ではレトルトパウチのセットになって、東京のスーパーなどでも売られている。

煎餅以外の材料は、基本的には前述したようなものが多く使われるが、厳密に、

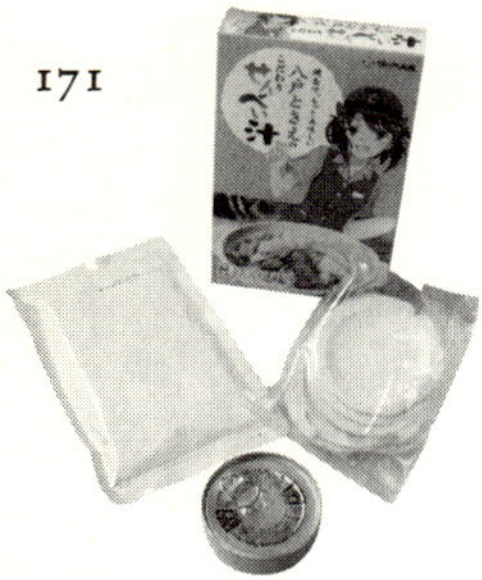

特別参加の缶詰セット商品。缶界にもこんな萌え系缶詰が進出してきたのだ

「これを使うべし」

などと決まっているわけではないらしい。

元々は、素朴な家庭料理のひとつ。それこそ、あり合わせのものを鍋に入れて食べればいい。

「サバの水煮缶もよく入れますよ」

こう教えてくれたのは、八戸にある缶詰メーカー「味の加久の屋」のNさん。

サバ水煮缶を缶汁ごと加えると、サバの出汁《だし》が加わって、味わいがぐっと深くなるのだそうだ。

まさに家庭料理らしい発想であります。

（こんなに美味しいのだから、いっそのこと商品化できないか）

こう考えた同社は、得意商品のサバ水煮缶と、レトルトパウチに入れた具とスープ、それに南部煎餅をひと箱にまとめた「こだわりせんべい汁」を開発してしまった。

サバ缶を活用した家庭料理を、さらに商品化する。

こういう商品が出てくると、世の中は面白いことになる。

レトルトの具は鶏肉、人参、ごぼう、糸こんにゃくと多彩。

あとは長ネギかキャベツでも刻《きざ》めば、誰でも本格的なせんべい汁が作れるという便利なものだ。

萌えるせんべい汁

ところで……。

僕が幼い頃、サバ水煮缶はたびたび食卓に上った。

そのまま、醬油をたっぷりとかけ回して食べるのがいちばん好きだったが、たまに鍋の具として登場することがあった。

これが美味しくなかった。

煮ることでサバは身が固く締まり、とくに背身のほうなど、脂《あぶら》が抜け切ってぼそぼそになった。

その記憶が強く残っているため、サバ缶を汁に入れたり、煮物として使ったりするのは、

(どうせ不味《まず》いに決まってる)


思い込んでいた。

それが、このサバ缶せんべい汁はまったく違った。煮込んでもサバは固くならず、味も抜けないのであります。

(これはこれは……!)

その美味しさに、食べながら何度も頷《うなず》いてしまった。

昔のサバ缶が不味かったのか。あるいは、安いサバ缶ばかりを食べていたのか。

どちらにせよ、このサバ缶はウマい。だからこそ商品化できたのだ。

また、箱のデザインにも特徴がある。「青森鉄道むすめ・八戸ときえ」というアニメ風のキャラクターが描かれているのであります。鉄道むすめというのは、全国にある鉄道事業者のスタッフをモデルにして、オリジナ

ルキャラクター化したものだという。
そう言われても、中年おじさんの僕にはよくわからない。
よくわからないが、じっと眺《なが》めていると、
「萌《も》え〜」
という言葉が浮かんでくる。
好きな人が見ればきっと、
「萌え萌え〜」
となるのであろう。
アニメオタクだったら、絶対に手に取りたくなるに違いない。
「こだわりせんべい汁」は、中身だけでなくデザインにもこだわっていたのだ。
伝統の郷土料理を、当世風のキャラクターを採用して若者にもアピールする。
そんな自由闊達《じゆうかったつ》な発想が素晴らしい。

こだわりせんべい汁

希望小売価格
1050円（税込）

製造
株式会社　味の加久の屋

購入
直販サイト　いちご煮.com
http://www.ichigoni.com

問い合わせ
いちご煮.com
☎ 0120-34-2444

缶詰博士のワンポイント

レトルト、煎餅、サバ缶がセットになって箱に入っている。付録を開けるみたいな楽しさが味わえるゾ。

本書で紹介した缶詰の価格やお取り寄せ情報等は
著者執筆時の参考データです。

黒川勇人

タレント／缶詰博士／ものづくりナビゲーター。1966年、福島県に生まれる。缶詰に精通していることから「缶詰博士」と呼ばれ、テレビやラジオなどさまざまなメディアで活躍中。「缶詰料理ショー」などのイベントのほか、「ものづくりトークショー」など日本のものづくりを紹介する講演を学校や企業、団体などで行っている。NHKラジオ第1「すっぴん!」毎週月曜日レギュラー出演中。「週刊漫画TIMES」缶詰コラム『百缶繚乱』連載中。
著書には『おつまみ缶詰酒場』(アスキー新書)、『缶詰博士・黒川勇人の缶詰本』(タツミムック)、『缶づめ寿司』(ビーナイス)などがある。

講談社＋α新書 632-1 D

日本全国《にほんぜんこく》「ローカル缶詰《かんづめ》」驚《おどろ》きの逸品《いっぴん》36

黒川勇人《くろかわはやと》

2013年9月19日第1刷発行

発行者―――― 鈴木 哲
発行所―――― 株式会社 講談社
東京都文京区音羽2-12-21 〒112-8001
電話 出版部(03)5395-3532
販売部(03)5395-5817
業務部(03)5395-3615

写真―――― 野辺竜馬&著者
デザイン―――― 鈴木成一デザイン室
カバー印刷―――― 共同印刷株式会社
印刷―――― 慶昌堂印刷株式会社
製本―――― 牧製本印刷株式会社
本文データ制作―― 朝日メディアインターナショナル株式会社

ISBN978-4-06-272820-1